Die Theorie des Drehstrom-Kollektor-Nebenschluß-motors mit getrennter Erreger- und Kompensationswicklung.

Von der

Kgl. Techn. Hochschule zu München

zur

Erlangung der Würde

eines

Doktors der technischen Wissenschaften
(Doktor-Ingenieurs)

genehmigte

Dissertation.

Vorgelegt von

Franz Hillebrand,
Diplom-Ingenieur.

Referent: Geheimer Hofrat Professor Johann Ossanna.
Korreferent: Professor Leo Kadrnozka.

Springer-Verlag Berlin Heidelberg GmbH 1912

Additional material to this book can be downloaded from http://extras.springer.com

ISBN 978-3-662-23936-0 ISBN 978-3-662-26048-7 (eBook)
DOI 10.1007/978-3-662-26048-7

Inhaltsverzeichnis.

Einleitung.

Bei den überaus zahlreichen Schaltungsarten der Drehstrom-Kollektor-Nebenschlußmotoren (DKNM.) lassen sich im allgemeinen 2 Hauptgruppen unterscheiden: das seiner Größe nach bei jeder Tourenstufe annähernd konstante, synchron umlaufende Drehfeld kann von einer gesonderten Erregerwicklung erzeugt werden, die dann naturgemäß nur den Erregerstrom zu führen hat, oder die transformatorische Wechselwirkung zwischen Stator und Rotor kann dazu benutzt werden, das erforderliche Nebenschlußfeld auszubilden. Diese bisher gebräuchlichste Schaltungsweise wurde in ihren Grundzügen schon von Görges [1]) im Jahre 1891 angegeben; sie wurde besonders durch die Arbeiten von Winter und Dr. Eichberg [2]) ausgebildet und in die Technik eingeführt. Die Regelung der Umlaufszahl erfolgt bei den Motoren dieser Gruppe in der Weise, daß die Ständer- oder Ankerwicklung oder auch beide Wicklungen an regelbare Spannungen gelegt werden, oder daß bei konstant gehaltener äußerer Spannung die effektive Windungszahl einer der Wicklungen geändert wird. Auf jeden Fall spielen sich alle Schaltvorgänge in den Arbeitsstrom führenden Kreisen der Maschine, und zwar fast immer im Ankerkreise, ab, so daß alle Schalt- und Regulierapparate für den Arbeitsstrom bemessen sein müssen. Bei kleineren Leistungen spielt das keine Rolle; sobald man aber zu einigermaßen großen Einheiten übergeht, wachsen die Ankerströme bei der notwendig begrenzten Rotorspannung so an, daß die erforderlichen Schaltapparate praktisch ganz unmögliche Dimensionen annehmen. Sollte der DKNM. also für große regelbare Antriebe überhaupt noch als ernster Konkurrent gelten, so mußte unbedingt der ganze Reguliermechanismus aus den Arbeitsstromkreisen heraus verlegt werden.

Der Weg dazu wurde von Dr. Eichberg [3]) angegeben und besteht, wie schon oben angegeben, in der Anordnung einer gesonderten Erregerwicklung im Ständer der Maschine. Die Motoren dieser Gruppe gewinnen in neuerer Zeit mehr und mehr an Bedeutung und scheinen besonders als Hintermotoren in Kaskade mit großen Induktionsmotoren eine wichtige Rolle spielen zu sollen.

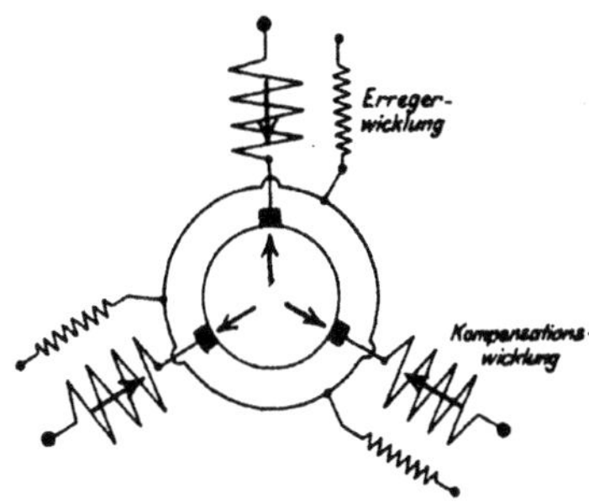

Fig. 1. DKNM. mit getrennter Erreger- und Kompensations-Wicklung.

Ihre Arbeitseigenschaften wollen wir im folgenden eingehend behandeln, uns dabei aber entsprechend ihrer Wichtigkeit im wesentlichen auf die Untersuchung des Drehstrom- bzw. 6-Phasen-Motors beschränken und nur flüchtig einige besondere Eigenarten des recht selten benutzten 2- (4-) Phasensystems streifen.

In schematischer Darstellung zeigt Fig. 1 die prinzipielle Anordnung eines solchen DKNM. Im Stator sind zwei gleichartige, voneinander unabhängige Wicklungen gleicher

---

[1]) ETZ 1901, S. 699.

[2]) ETZ 1910, S. 749.

[3]) Vgl. DRP. 153730 (1901).

Wicklungsachse untergebracht; sie unterscheiden sich in nichts von der gewöhnlichen Mehrphasenwicklung eines Induktionsmotors. In Serie mit der Kompensationswicklung liegt der mit einer Gleichstromwicklung und Kollektorarmatur versehene Anker am Netz. Ob zur besseren Ausnutzung des Ankerkupfers die sogenannte 6-Bürsten-Schaltung oder ob die einfache 3-Bürsten-Schaltung gewählt ist, bleibt ohne Einfluß auf das Verhalten des Motors; Voraussetzung ist nur, daß Anker- und Kompensationswicklung koaxial zueinander liegen und sich in ihrer magnetischen Wirkung gegenseitig aufzuheben, „zu kompensieren" suchen. Die Spannung der Erregerwicklung soll sowohl der Größe als auch der Phase nach regulierbar sein, etwa mit Hilfe eines Transformators und Potentialreglers. Auf diese Weise ergibt sich eine große Mannigfaltigkeit von Kombinationen, unter denen wir an Hand der Ergebnisse der folgenden Kapitel erst die richtige Wahl zu treffen haben werden.

1. Allgemeine Ableitung der Hauptkonstanten mehrphasiger Kollektormaschinen. Bevor wir dazu übergehen, das Spannungsdiagramm des Motors zu entwickeln, das wir zur Orientierung über die Arbeitsweise und zu Ableitungen der Grundgleichungen der Maschine benötigen, wollen wir die immer wiederkehrenden Hauptkonstanten des Motors berechnen. Es handelt sich vor allem um die Selbst- und Wechselreaktanzen der Stator- und Rotorwicklungen und um die später noch zu definierenden Rotationskoeffizienten des Ankers.

Sobald man die Voraussetzung macht, daß das resultierende Stator- und Ankerfeld genau genug als reines Drehfeld, d. h. als räumlich sinusförmig verteiltes Feld von konstanter Umlaufgeschwindigkeit angesehen werden kann, lassen sich diese Konstanten in der üblichen, beispielsweise von Ossanna für den Induktionsmotor angegebenen Weise berechnen. Bekanntlich wird beim Mehrphasen-Induktionsmotor diese Voraussetzung immer gemacht, einmal weil sie bei den mehrphasigen Wechselstromwicklungen üblicher Ausführung — 3 oder mehr Nuten pro Pol und Phase — genau genug zutrifft, dann aber auch, weil die höheren Harmonischen der Felder im Stator und Rotor elektromotorische Kräfte (EMKe.) unendlich vieler verschiedener Periodenzahlen induzieren, die nicht in einem einzigen Vektordiagramm vereinigt werden können, und deren Berücksichtigung daher äußerst kompliziert, ja praktisch kaum möglich wäre. Anders liegen die Verhältnisse bei Mehrphasen-Kollektormotoren, bei denen die auf dem Kollektor schleifenden Bürsten die Wicklungsachsen des Ankers räumlich fixieren; hier ist eine genaue Berücksichtigung der Feldform ohne weiteres und genau so gut wie bei einem Einphasenkollektormotor möglich. Es kommen noch einige Umstände hinzu, die es uns wünschenswert erscheinen lassen, von der Annahme eines reinen Drehfeldes vorläufig abzusehen:

Bei der von uns betrachteten Schaltung ist der Synchronismuspunkt in keiner Weise ausgezeichnet, die Drehfeldgeschwindigkeit der Grundwelle spielt gar keine besondere Rolle, und somit hat es auch wenig Wert, das Drehfeld und seine synchrone Geschwindigkeit als Grundlage für die Rechnung zu nehmen.

Zweitens bedingen gerade die Abweichungen der Feldform von einer Sinuswelle beim Zweiphasen-Kollektor-Motor manche auffallende Erscheinungen, auf die bereits Dr. Alexander [1]) aufmerksam machte, ohne eine allseitig befriedigende Erklärung zu geben. Vor allem aber wollen wir uns durch diese Darstellungsweise in offenen Gegensatz zu jener oft vertretenen Ansicht stellen, die den Kollektor eines Mehrphasenmotors stets als Frequenzwandler betrachtet, infolgedessen den elektrischen Größen des Rotors wie beim Induktionsmotor die Schlüpfungsfrequenz zuschreibt und erst nachträglich durch besondere Betrachtungen die Vereinigung der elektrischen Größen von Stator und Rotor in einem einzigen Vektordiagramm rechtfertigen zu müssen glaubt.

Verzichtet man auf die Zusammensetzung der Felder der 3 Phasen zu einem resultierenden Felde, so muß man natürlich bei der Aufstellung des Spannungsdiagrammes für

---

[1]) Drehstrommotor für regelbare Drehzahl. Doktordissertation, Berlin 1908.

jede einzelne Phase die Wirkung des Eigenfeldes und die Wechselwirkung der Felder der anderen Phasen getrennt untersuchen; oder anders ausgedrückt: Während bei der Annahme des Drehfeldes von vornherein die 3 Teilfelder zu einem resultierenden Drehfelde zusammengesetzt werden, setzen wir jetzt nachträglich die von den 3 Teilfeldern in einer Phase induzierten EMKe. zusammen.

Führen wir diese Rechnung zunächst für den einfachen Fall durch, daß eine gewöhnliche 3 phasige Wechselstromwicklung, etwa die Erregerwicklung, von 3 um 120^0 versetzten Strömen durchflossen werde. Die Ausführungsform der Wicklung und die gewählten Bezeichnungen illustriert Fig. 2.

Danach bedeuten:

J_1, J_2, J_3 die Effektivwerte der äußeren Phasenströme,

also bei $\mathfrak{a}$ parallelen Wicklungskreisen

$\frac{J_1}{\mathfrak{a}}$, $\frac{J_2}{\mathfrak{a}}$, $\frac{J_3}{\mathfrak{a}}$ die entsprechenden Effektivwerte der Stabströme,

v die Periodenzahl des Netzes,

2 p Anzahl der Pole,

R der Ankerradius und dementsprechend

$t_p = \frac{\pi \cdot R}{p}$ die Polteilung,

$\mathfrak{z}$ die Anzahl der Nuten pro Polteilung und Phase,

$\mathfrak{w}$ die Anzahl der Windungen pro Nut,

L die aktive Ankereisenbreite,

δ'' ein reduzierter Luftraum, der den resultierenden Widerstand des magnetischen Kreises ersetzt.

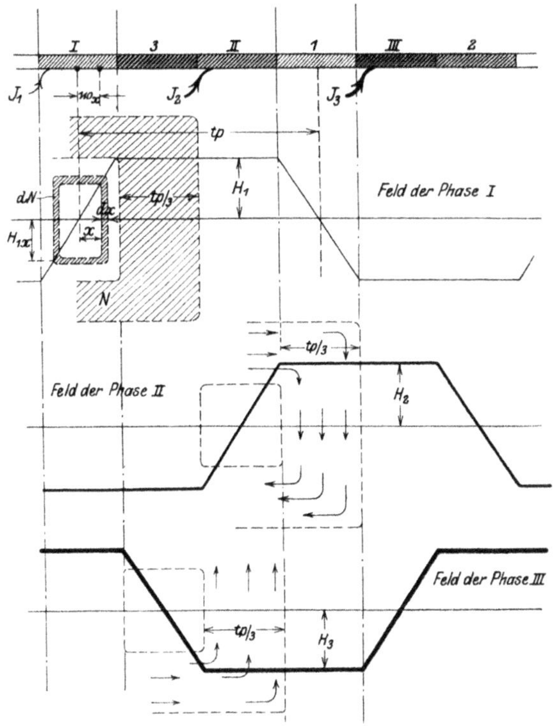

Fig. 2.

Die Voraussetzung $\delta'' = \text{const}$ ist gleichbedeutend mit einer Vernachlässigung der Eisensättigung. Außerdem möge von den Eisenverlusten abgesehen, also Feld und Magnetisierungsstrom in Phase angenommen werden.

Unter diesen Voraussetzungen läßt sich der räumliche und zeitliche Maximalwert des von dem Strome der Phase I erzeugten Wechselfeldes wie folgt darstellen:

$$H_1 = \frac{4\pi}{10} \cdot \frac{1}{\delta''} \cdot \frac{\sqrt{2} \cdot J_1}{\mathfrak{a}} \cdot \frac{\mathfrak{z} \cdot \mathfrak{w}}{2}$$

Die in Fig. 2 gezeichnete Feldverteilung im Luftraum entspricht der Annahme einer unendlich fein verteilten Wicklung, die bei den üblichen Zähnezahlen und halb geschlossenen Nuten die Verhältnisse am genauesten widergibt.

Eine Kraftröhre des ansteigenden Astes der Feldkurve mit der Kraftlinienzahl:

$$dN = H_{1x} \cdot L \cdot d_x = H_1 \cdot \frac{x}{\frac{t_p}{6}} \cdot L \cdot dx$$

ist pro Pol mit $w_x = \mathfrak{z} \cdot \mathfrak{w} \cdot \frac{6x}{t_p}$ Leitern verkettet, und da am ganzen Ankerumfang $\frac{dz}{\mathfrak{a}}$ solcher Gruppen in Serie geschaltet sind, induziert die Pulsation der Kraftlinien dN der ebtrachteten Phase insgesamt eine transformatorische EMK. vom Effektivwert:

$$dE = \frac{2\pi}{\sqrt{2}} \cdot v \cdot dN \cdot w_x \cdot \frac{2p}{\mathfrak{a}} \cdot 10^{-8} \text{ (Volt)}.$$

Durch Summation der Induktionswirkungen aller Kraftlinien im Bereiche der aufsteigenden Feldkurve erhalten wir den 1. Teilbetrag der EMK. der Selbstinduktion

$$\int_{x=0}^{x=\frac{t_p}{6}} dE = \frac{16\pi^3}{10} \cdot v \cdot \frac{R \cdot L}{\delta''} \cdot 10^{-8} \left(\frac{\mathfrak{z}\,\mathfrak{w}}{2\,\mathfrak{a}}\right)^2 \cdot \frac{1}{9} \cdot J_1.$$

Der 2. Teilbetrag rührt her von dem Kraftflusse

$$N = H_1 \cdot L \cdot \frac{t_p}{3}.$$

der die gesamte Leiterzahl ($\mathfrak{z} \cdot \mathfrak{w}$) umschließt. Er berechnet sich daher zu:

$$\frac{2\pi}{\sqrt{2}} \cdot v \cdot N \cdot \mathfrak{z} \cdot \mathfrak{w} \cdot \frac{2p}{\mathfrak{a}} \cdot 10^{-8} \text{ Volt} = \frac{16\pi^3}{10} \cdot 10^{-8}\, v \cdot \frac{R \cdot L}{\delta''} \cdot \left(\frac{\mathfrak{z}\,\mathfrak{w}}{2\,\mathfrak{a}}\right)^2 \cdot \frac{2}{3} \cdot J_1.$$

Somit beträgt die gesamte EMK. der Selbstinduktion der Phase I, herrührend von dem Kraftflusse der 1. Phase [1]):

$$E_{11} = \frac{16\pi^3}{10} \cdot v \cdot \frac{R \cdot L}{\delta''} \cdot 10^{-8} \cdot \left(\frac{\mathfrak{z}\,\mathfrak{w}}{2\,\mathfrak{a}}\right)^2 \cdot \frac{7}{9} \cdot J_1 = k_{11} \cdot J_1.$$

wobei wir k_{11} als Selbstreaktanz der Phase I bezeichnen.

Als Vektor betrachtet eilt E_{11} dem Stromvektor J_1 um 90^0 nach, was wir durch die symbolische Schreibweise:

$$\dot{E}_{11} = +j\,k_{11} \cdot \dot{J}_1$$

zum Ausdruck bringen wollen (vgl. Fig. 3).

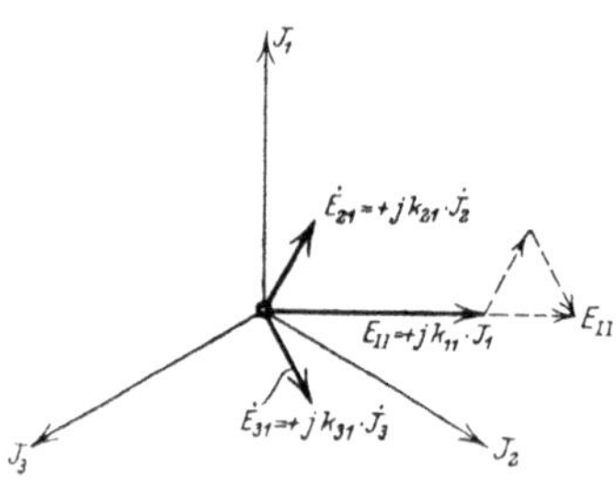

Fig. 3.

Die Leiter der 1. Phase werden aber auch von dem Kraftflusse der beiden anderen Phasen induziert. Fassen wir zunächst nur das Feld der 2. Phase ins Auge, so erkennen wir, daß sich die Induktionswirkungen des durch Schraffur gekennzeichneten Kraftflusses (Fig. 2) wegheben und nur der Rest mit

$$N = H_2 \cdot L \cdot t_p/3$$

in Betracht kommt. Da dieser Anteil im Mittel mit $\frac{\mathfrak{z}\,\mathfrak{w}}{2}$ Leiter pro Pol verkettet ist, ergibt sich für die EMK. der Wechselinduktion der Phase II auf I der Ausdruck:

$$E_{21} = \frac{2\pi}{\sqrt{2}} \cdot v \cdot N \cdot \frac{\mathfrak{z}\,\mathfrak{w}}{2} \cdot \frac{2p}{\mathfrak{a}} \cdot 10^{-8}$$

$$= \frac{16\pi^3}{10} \cdot v \cdot \frac{R \cdot L}{\delta''} \cdot 10^{-8} \cdot \frac{\mathfrak{z}\,\mathfrak{w}}{2\,\mathfrak{a}} \cdot \frac{1}{3} \cdot J_2.$$

---

[1]) Die Streukraftlinien sind hier nicht inbegriffen.

Der Phase nach eilt E_{21} dem Strome J_2 nicht nach, sondern vor, da der Winkel zwischen den Wicklungsachsen der beiden Phasen — in elektrischen Graden gemessen — 120^0 beträgt, also größer wie 90^0 ist. Wir geben daher der Wechselreaktanz k_{21} negatives Vorzeichen und schreiben:

$$k_{21} = -\frac{16\,\pi^3}{10} \cdot v \cdot \frac{R \cdot L}{\delta''} \cdot 10^{-8} \cdot \left(\frac{\mathfrak{z}\,\mathfrak{w}}{2\,\mathfrak{a}}\right)^2 \cdot \frac{1}{3}$$

und dementsprechend:

$$\dot{E}_{21} = +\,j\,k_{21} \cdot \dot{J}_2.$$

Aus Symmetriegründen ist diese Wechsel-Induktions-EMK. dem Beitrag der 3. Phase der Größe nach gleich, also

$$\dot{E}_{31} = +\,j\,k_{31} \cdot \dot{J}_3, \quad \text{wobei} \quad k_{31} = k_{21} \text{ ist.}$$

Die Summe der 3 EMKe.:

$$\dot{E}_{11} + \dot{E}_{21} + \dot{E}_{31} = \dot{E}_{I\,I}$$

wollen wir als die EMK. der totalen Selbstinduktion der Phase I bezeichnen; sie läßt sich unter Beachtung der aus Fig. 3 ersichtlichen vektoriellen Beziehungen leicht auf die Form bringen:

$$\dot{E}_{I\,I} = +\,j\,k_{11} \cdot \dot{J}_1 + j\,k_{21} \cdot \dot{J}_2 + j\,k_{31} \cdot \dot{J}_3 = +\,j\,K_{I\,I} \cdot \dot{J}_1.$$

Das heißt: Die von den Feldern der 3 Phasen in der Wicklung der Phase I induzierte totale EMK. läßt sich mit Hilfe des reduzierten Induktionskoeffizienten

$$K_{I\,I} = k_{11} - \frac{1}{2}\,k_{21} - \frac{1}{2}\,k_{31} = \frac{16\,\pi^3}{10} \cdot v \cdot \frac{R \cdot L}{\delta''} \cdot 10^{-8} \cdot \left(\frac{\mathfrak{z}\,\mathfrak{w}}{2\,\mathfrak{a}}\right)^2 \cdot \frac{10}{9}$$

auf den Phasenstrom der Phase I zurückführen; die totalen Selbstreaktanzen der anderen Phasen $K_{II\,II}$ und $K_{III\,III}$ sind natürlich numerisch gleich $K_{I\,I}$.

Da bei dem von uns betrachteten Motor die Kompensationswicklung bis auf die effektive Windungszahl ganz gleichartig der Erregerwicklung ist, so unterscheiden sich die Werte der Selbstreaktanzen beider Wicklungen nur durch die numerische Größe des Faktors $\left(\frac{\mathfrak{z}\,\mathfrak{w}}{2\,\mathfrak{a}}\right)$. Dasselbe gilt von der Rotorwicklung, sobald wir den Anker in der meist üblichen 6-Bürsten-Schaltung voraussetzen; denn wie Fig. 4 zeigt, entspricht dann die Verteilung der Wicklungsabschnitte der Ankerphasen vollkommen der einer gewöhnlichen 3phasigen Wechselstromwicklung mit der Windungszahl $\left(\frac{s \cdot w}{6\,a\,p}\right)$ pro Pol und Phase und dem effektiven Stabsstrom J/a.

Zu beachten ist dabei, daß die Ankerphase I deren Strom bei den diametral liegenden Bürsten A und A A ein- bzw. austritt, bei dieser Betrachtungsweise durch die zwischen den Bürsten B—C C und C—B B liegenden Wicklungszonen gebildet wird, und daß also auch umgekehrt die Summe der in diesen Wicklungsabschnitten induzierten EMKe. an den Bürsten A—A A gemessen werden kann. Zur Ableitung der Ankerreaktanzen zwischen diametralen Bürsten muß demnach an die Stelle des Faktors $\frac{\mathfrak{z}\,\mathfrak{w}}{2\,\mathfrak{a}}$ der gewöhnlichen Wechselstromwicklungen der Faktor $\frac{s \cdot w}{12\,a\,p}$ treten.

Es bezeichnet dabei:

s Anzahl der Wicklungselemente, also bei den gebräuchlichen Ankerwicklungen s = doppelte Anzahl der Kollektorlamellen,

w Anzahl der Windungen pro Wicklungselement,

2 a Anzahl der parallelen Stromzweige,

2 p Anzahl der Pole.

Die Werte der Wechselreaktanzen zwischen Erreger-, Kompensations- oder Ankerwicklung lassen sich nach obigem ohne weiteres anschreiben, wenn wir noch bedenken, daß alle Wicklungen koaxial liegen, daß also, von den Streulinien abgesehen, der Kraftfluß der einen Wicklung mit allen 3 Wicklungen in der gleichen Weise verkettet ist. Wir brauchen nur das Quadrat der Windungszahl der einen Wicklung durch das Produkt der Windungszahlen zweier Wicklungen zu ersetzen, um statt der Selbstreaktanz die entsprechende Wechselreaktanz zu erhalten.

Nachdem wir somit die Werte der Selbst- und Wechselreaktanzen abgeleitet haben die uns die Größe der den ruhenden Wicklungen induzierten Selbst- und Wechsel-EMKe. anzuschreiben gestatten, bleibt uns noch zu untersuchen, welche EMK. im Anker induziert wird infolge seiner Rotation in den räumlich stillstehenden Phasenfeldern der Stator- oder

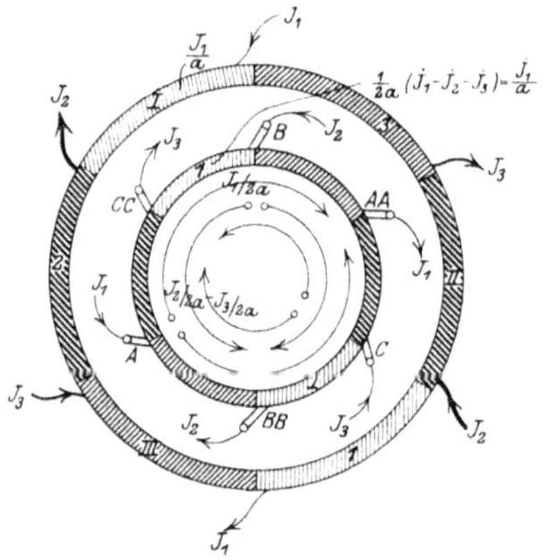

Fig. 4.

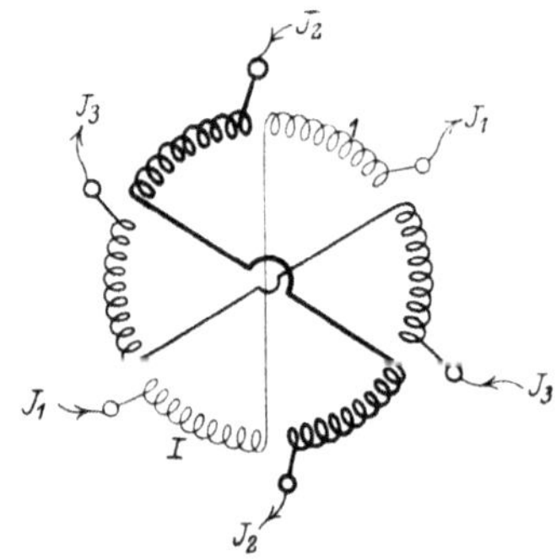

Fig. 5.

Ankerwicklung. Wir wollen uns zu dem Zwecke den Anker wieder nach Fig. 5 (vgl. auch Fig. 4) mit einer gewöhnlichen Wechselstromwicklung (aufgeschnittene Gleichstromwicklung) versehen denken, deren Wicklungsachsen durch die auf dem Kollektor schleifenden Bürsten räumlich fixiert sind, und berechnen, welche EMK. E_d beispielsweise in der Ankerphase I—1, also zwischen den Bürsten A—A A der Fig. 4, durch Rotation mit der Tourenzahl n in dem Eigenfelde des Ankers erzeugt wird. Die Ankerwicklung sei von den Phasenströmen $J_1 \ldots J_2 \ldots J_3$ durchflossen und bilde wie vorher trapezförmige Felder [1]) mit den räumlich und zeitlich maximalen Ordinaten:

$$H_1 = \frac{4\pi}{10} \cdot \frac{1}{\delta''} \cdot \frac{s \cdot w}{12\,p} \cdot \frac{\sqrt{2} \cdot J_1}{a}$$

$$H_2 = \frac{4\pi}{10} \cdot \frac{1}{\delta''} \cdot \frac{s \cdot w}{12\,p} \cdot \frac{\sqrt{2} \cdot J_2}{a}$$

$$H_3 = \frac{4\pi}{10} \cdot \frac{1}{\delta''} \cdot \frac{s \cdot w}{12\,p} \cdot \frac{\sqrt{2} \cdot J_3}{a}.$$

Das Feld der 1. Phase (H_1) kann in der betrachteten Ankerphase keine EMK. der Drehung erzeugen, weil Feld- und Wicklungsachse koaxial liegen, also

$$E_{d_{11}} = 0.$$

Von dem Felde der 2. Phase (H_2) kommt der über den Bürsten liegende in Fig. 6 schraffiert bezeichnete Teil in Betracht mit der Kraftlinienzahl:

$$N_2' = H_2 \cdot L \cdot t_p/3,$$

[1]) Fig. 6 zeigt die Verteilung der vom Anker ausgebildeten, Anker und Stator verkettenden Felder.

so daß sich die durch Rotation im Felde der 2. Phase in der Wicklung der 1. Phase induzierte EMK. $E_{d_{21}}$ in bekannter Weise formulieren läßt. Es wird

$$\dot{E}_{d_{21}} = 2\cdot\frac{\dot{N}_2'}{\sqrt{2}}\cdot\frac{s\cdot w}{a}\left(p\,\frac{n}{60}\right)\cdot 10^{-8}$$

$$= -\frac{16\,\pi^3}{10}\cdot\frac{R\cdot L}{\delta''}\cdot v_m\cdot 10^{-8}\cdot\left(\frac{s\cdot w}{12\,a\,p}\right)^2\cdot\frac{2}{\pi}\cdot\dot{J}_2.$$

Dabei bezeichnet v_m die Periodenzahl, die der jeweiligen Tourenzahl des Motors entspricht, so daß das Verhältnis $\frac{v_m}{v}$.[1]) den Grad des unter- oder übersynchronen Laufes angibt; das negative Vorzeichen in der obigen Formel folgt bei dem in Fig. 6 vorausgesetzten und in Fig. 7 angegebenen Drehsinn der Vektoren aus der Annahme, daß der Motor in der Richtung des fortschreitendes Drehfeldes rotiert.

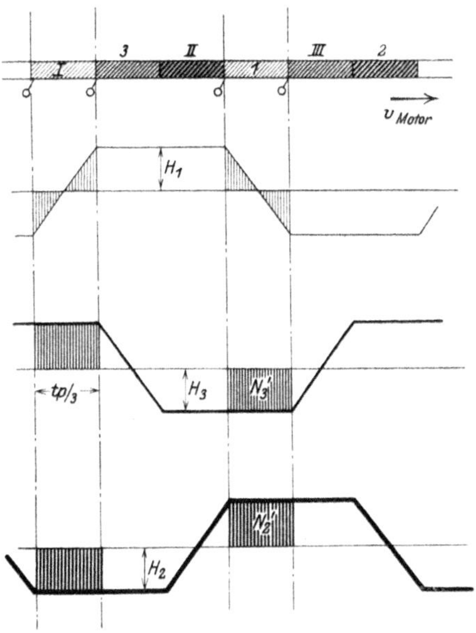

Fig. 6.

Aus Symmetriegründen ist der Beitrag des Feldes der 3. Phase gleich dem Beitrag des Feldes der 2. Phase; das positive Vorzeichen ergibt sich aus Fig. 6. Wir erhalten also:

$$\dot{E}_{d_{31}} = 2\cdot\frac{\dot{N}_3'}{\sqrt{2}}\cdot\frac{s\cdot w}{a}\left(p\,\frac{n}{60}\right)\cdot 10^{-8}$$

$$= +\frac{16\,\pi^3}{10}\cdot\frac{R\cdot L}{\delta''}\cdot v_m\cdot 10^{-8}\cdot\left(\frac{s\cdot w}{12\,a\,p}\right)^2\cdot\frac{2}{\pi}\cdot\dot{J}_3.$$

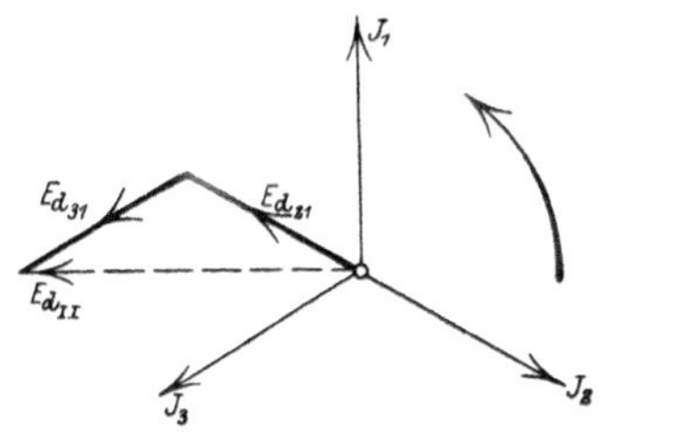

Fig. 7.

Die gesamte in der Ankerphase I durch Rotation in den Phasenfeldern des Ankers induzierte EMK. beträgt demnach:

$$\dot{E}_{d_{II}} = \dot{E}_{d_{21}} + \dot{E}_{d_{31}}$$

$$\dot{E}_{d_{II}} = \frac{16\,\pi^3}{10}\cdot\frac{R\cdot L}{\delta''}\cdot v_m\cdot 10^{-8}\cdot\left(\frac{s\cdot w}{12\,a\,p}\right)^2\cdot\frac{2}{\pi}\left[-\dot{J}_2+\dot{J}_3\right]$$

oder bei Beachtung der vektoriellen Beziehungen in Fig. 7

$$\dot{E}_{d_{II}} = \frac{16\,\pi^3}{10}\cdot\frac{R\cdot L}{\delta''}\cdot v_m\cdot 10^{-8}\cdot\left(\frac{s\cdot w}{12\,a\,p}\right)^2\cdot\frac{2}{\pi}\cdot\sqrt{3}\cdot -j\,\dot{J}_1$$

$$= c_{II}\cdot\frac{v_m}{v}\cdot -j\,\dot{J}_1.$$

[1]) Bezeichnet s den Schlupf des Motors gegenüber der synchronen Tourenzahl, so ist $(1-s) = \frac{v_m}{v}$.

Dabei wollen wir

$$c_{II} = \frac{16\,\pi^3}{10} \cdot \frac{R\,L}{\delta''} \cdot v \cdot 10^{-8} \cdot \left(\frac{s \cdot w}{12\,a\,p}\right)^2 \cdot \frac{2\sqrt{3}}{\pi}$$

als den Koeffizienten der Rotations-EMK. — kurz „Selbstrotationskoeffizient" — des Ankers bezeichnen. Die in der Ankerphase I durch Drehung in dem Erregerfelde erzeugte EMK. läßt sich natürlich in genau derselben Form anschreiben, da nach der von uns angenommenen Wicklungsverteilung Erregerfeld und Ankerfeld ganz gleichartige Feldformen ergeben. Wir brauchen in der obigen Definitionsgleichungfür c_{II} lediglich das Quadrat der Windungszahl $\left(\frac{s \cdot w}{12\,a\,p}\right)^2$ durch das Produkt $\frac{\mathfrak{z}\,\mathfrak{w}}{2\,\mathfrak{a}} \cdot \frac{s \cdot w}{12\,a\,p}$ zu ersetzen, um statt des Selbstrotationskoeffizienten des Ankers den entsprechenden Wechselrotationskoeffizietnen zwischen der Erregerwicklung und Ankerwicklung zu erhalten.

Vergleichen wir die totale Selbstreaktanz des Ankers K_{II} mit seinem Selbstrotationskoefficienten, so finden wir:

$$\frac{K_{II}}{c_{II}} = \frac{\frac{16\,\pi^3}{10} \cdot \frac{R\,L}{\delta''} \cdot v \cdot 10^{-8} \cdot \left(\frac{s \cdot w}{12\,a\,p}\right)^2 \cdot \frac{10}{9}}{\frac{16\,\pi^3}{10} \cdot \frac{R\,L}{\delta''} \cdot v \cdot 10^{-8} \cdot \left(\frac{s \cdot w}{12\,a\,p}\right)^2 \cdot \frac{2\sqrt{3}}{\pi}} = \frac{1{,}111}{1{,}1024} = 1{,}008$$

d. h. die EMK. der Drehung ist bei Synchronismus ca. 0,8 % kleiner als die EMK. der Selbstinduktion, der Anker würde also, wenn der Motor als Induktionsmotor geschaltet wäre, im Leerlauf ca. 0,8 % übersynchron laufen. Dabei ist die Streuung und der Ohmsche Widerstand des Ankers vernachlässigt und vorausgesetzt, daß die Ankerbürsten untereinander kurzgeschlossen sind. Bei 2- oder 4-Phasen-Kollektormotoren fällt der Unterschied zwischen Selbstreaktanz und Selbstrotationskoeffizient erheblich größer aus, und als experimenteller Beweis dafür kann der von Dr. Alexander mehrfach beobachte übersynchrone Lauf solcher Motoren bei kurzgeschlossenem Rotor und bestimmter Bürstenstellung angesehen werden. Ein genaues Eingehen auf diese Verhältnisse beim 2-Phasen-Motor behalten wir uns vor, hier würden wir uns zu weit von dem eigentlichen Gegenstande unserer Untersuchung entfernen.

Bei der beim Drehstrommotor üblichen Annahme eines reinen Drehfeldes würde selbstverständlich $K_{II} = c_{II}$, und zwar würde

$$K_{II} = c_{II} = \frac{16\,\pi^3}{10} \cdot \frac{R \cdot L}{\delta''} \cdot v \cdot 10^{-8} \cdot \left(\frac{s \cdot w}{12\,a\,p}\right)^2 \cdot (0{,}955)^2 \cdot \frac{12}{\pi^2}\,^{1)}$$

$$= \frac{16\,\pi^3}{10} \cdot \frac{R \cdot L}{\delta''} \cdot v \cdot 10^{-8} \cdot \left(\frac{s \cdot w}{12\,a\,p}\right)^2 \cdot 1{,}109$$

eine Größe, die etwa in der Mitte der von uns abgeleiteten numerischen Werte liegt und der Wirklichkeit wohl am besten Rechnung trägt, weil eben infolge der Eisensättigung das resultierende Feld sich tatsächlich noch mehr der Sinusform nähert, als die genaue Übereinanderlagerung der Trapezfelder ergibt.

2. Das Spannungsdiagramm. Fig. 8 zeigt nochmals die prinzipielle Schaltungsanordnung unseres Motors: Kompensations- und Ankerwicklung, die wir in der Folge als Wicklung 1 und 2 bezeichnen wollen, liegen in Serie an der konstanten Netzspannung Δ_1 (Spannung pro Phase), während der Erregerwicklung (3) eine sowohl der Größe als auch der Phase gegenüber Δ_1 nach regelbare Spannung Δ_3 aufgedrückt sein soll, die wir allgemein in der Form schreiben können:

$$\dot{\Delta}_3 = \frac{1}{\alpha} \cdot \dot{\Delta}_1 (\cos \delta + j \sin \delta). \quad \text{(Vgl. Fig. 9.)}$$

[1]) Vgl. **Ossanna**: Starkstromtechnik, S. 565. Herausgegeben von Rziha und Seidner.

Über die Größe des numerischen Übersetzungsverhältnisses (α) und über die zeitliche Phasenverschiebung (δ^0) zwischen den Vektoren der Erreger- und Netzspannung wollen wir vorläufig keine weiteren Voraussetzungen machen, da es eine unserer Hauptaufgaben sein wird, den Einfluß von α und δ^0 auf das Verhalten des Motors, insbesondere auf die Leerlauftourenzahl und den Leistungsfaktor quantitativ festzulegen. Der Erregerstrom pro Phase sei J_3, der Arbeitsstrom J_1.

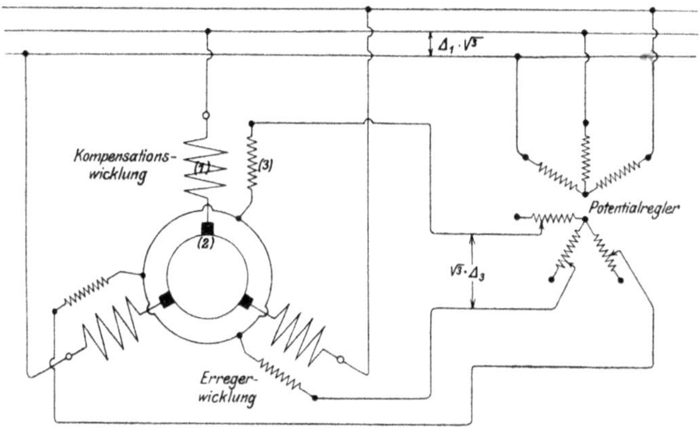

Fig. 8. Schaltung des DKNM. mit regelbarer Erregung.

Wie wir schon früher angedeutet haben, ist die Hintereinanderschaltung der Kompensations- und Ankerwicklung derart, daß sich die Amperewindungen beider Wicklungen gegenseitig aufzuheben suchen; da die Wicklungen koaxial liegen und nach unserer Voraussetzung vollkommen gleichartige Wicklungsverteilung besitzen, wäre diese Kompensation eine vollkommene, sobald ihre Windungszahlen pro Pol und Phase gleich wären. Diese zunächst recht naheliegende Annahme wollen wir jedoch nicht machen; praktisch ist nämlich eine geringe Unter- oder Überkompensation des Ankers nie ganz zu vermeiden, und es ist deshalb wichtig, den etwaigen Einfluß dieser unvollkommenen Ankerkompensation nachzuweisen. Wir wollen also allgemein für Sechsbürstenschaltung $\frac{s_2 \cdot w_2}{6\,a\,p} \lessgtr \frac{\mathfrak{z}_1\,\mathfrak{w}_1}{\mathfrak{a}_1}$ setzen[1]). Kompensations- und Ankerwicklung können, da sie ihre gegenseitige Lage nicht ändern und vom gleichen Strom J_1 durchflossen werden, auch als eine einzige Wicklung mit dem Widerstande $r_I = r_1 + r_2$ und der Selbstreaktanz

$$K_{II} = \frac{16\,\pi^3}{10} \cdot \frac{R \cdot L}{\delta''} \cdot v \cdot 10^{-8} \cdot \left(\frac{\mathfrak{z}_1\,\mathfrak{w}_1}{2\,\mathfrak{a}_1} - \frac{s_2\,w_2}{12\,a_2\,p}\right)^2 \cdot \frac{10}{9}$$
$$= k_{11} + k_{22} - k_{12} - k_{21}$$

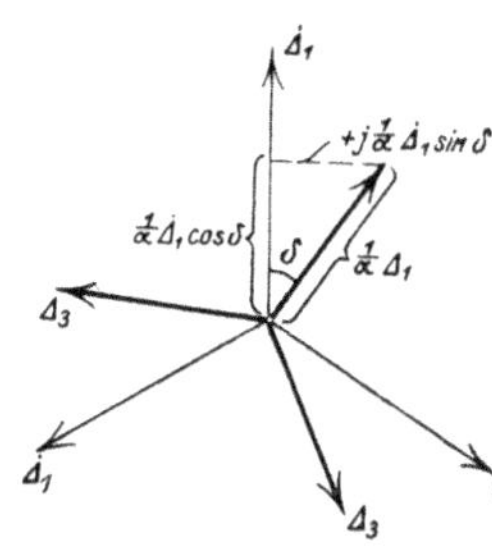

Fig. 9.

aufgefaßt werden, und da dieses Zusammenziehen in eine Wicklung im Interesse der einfachen Schreibweise recht vorteilhaft ist, wollen wir die resultierende Wicklung mit einem besonderen Index (I) bezeichnen.

Nach den allgemeinen Ableitungen des vorigen Abschnittes können wir nunmehr ohne weiteres die Motorkonstanten für unsere spezielle

[1]) Bei der in Fig. 15 der einfacheren Zeichnung wegen gewählten 3-Bürsten-Schaltung wäre die Anker-Kompensation vollkommen bei:

$$\frac{2}{\sqrt{2}}\,\frac{s_2\,w_2}{6\,a\,p} = \frac{\mathfrak{z}_1\,\mathfrak{w}_1}{\mathfrak{a}_1}.$$

Schaltungsanordnung anschreiben und das Spannungsdiagramm des Motors — pro Phase — entwickeln.

Wir beginnen mit der Aufzählung der Konstanten der Wicklung I und der in ihr induzierten EMKe.

1. Selbstreaktanz der Wicklung I, herrührend von den nicht streuenden Feldern der Wicklung I

$$K_{II} = \frac{16\,\pi^3}{10}\cdot\frac{R\cdot L}{\delta''}\cdot v\cdot 10^{-8}\cdot\left(\frac{\mathfrak{z}_1\,\mathfrak{w}_1}{2\,\mathfrak{a}_1} - \frac{s_2\,w_2}{12\,\mathfrak{a}_2\,p}\right)^2\cdot\frac{10}{9}$$

und dementsprechend die Selbstinduktionsspannung:

$$E_{II} = +\,j\,K_{II}\cdot\dot{J}_1.$$

2. Streureaktanz der Wicklung I

$$K_{I\sigma} = k_{1\sigma} + k_{2\sigma};$$

dabei ist $k_{1\sigma} = k_{11}\cdot\sigma_1$ die Streureaktanz der Kompensationswicklung, $k_{2\sigma} = k_{22}\cdot\sigma_2$ die Streureaktanz der Ankerwicklung; σ_1 und σ_2 sind die bekannten Streukoeffizienten, die angeben, welcher Bruchteil der von einer Wicklung ausgebildeten Kraftlinien nur mit dieser einen Wicklung und nicht mit der 2. verkettet ist. Die Streuspannung $E_{I\sigma}$ der Wicklung I läßt sich somit schreiben:

$$\dot{E}_{I\sigma} = +\,j\,K_{I\sigma}\cdot\dot{J}_1.$$

3 Wechselreaktanz zwischen Wicklung 3 und I

$$k_{3I} = \frac{16\,\pi^3}{10}\cdot\frac{R\cdot L}{\delta''}\cdot v\cdot 10^{-8}\cdot\left[\frac{\mathfrak{z}_3\,\mathfrak{w}_3}{2\,\mathfrak{a}_3}\cdot\left(\frac{\mathfrak{z}_1\,\mathfrak{w}_1}{2\,\mathfrak{a}_1} - \frac{s_2\,w_2}{12\,a_2\,p}\right)\right]\cdot\frac{10}{9} = k_{31} - k_{32};$$

die entsprechende Wechselinduktionsspannung beträgt:

$$\dot{E}_{3I} = +\,j\,k_{3I}\cdot\dot{J}_3.$$

4. Die Wechselstreureaktanz zwischen Erreger- und Kompensationswicklung:

$$k_{31\sigma} = k_{31}\cdot\sigma_{31}$$

rührt davon her, daß ein Teil der von der Erregerwicklung ausgebildeten Streulinien mit der in denselben Nuten liegenden Kompensationswicklung verkettet ist; sie bedingt die Wechselstreuspannung:

$$\dot{E}_{31\sigma} = +\,j\,k_{31\sigma}\cdot\dot{J}_3.$$

5. Der Ohmsche Widerstand der Wicklung I

$$r_I = r_1 + r_2$$

und der entsprechende Spannungsabfall

$$\dot{E}_{IR} = -\,r_I\cdot\dot{J}_1.$$

Die bisher aufgezählten, in der Wicklung I induzierten EMKe. waren von der Umdrehungsgeschwindigkeit des Ankers völlig unabhängig, sie treten ebensowohl bei Stillstand als bei Lauf auf und können deshalb zweckmäßig als die EMKe. des stillstehenden Motors bezeichnet werden. Rotiert dagegen der Anker mit der Tourenzahl n im Felde der Wicklung I und 3, so werden wir noch die entsprechenden Rotationsspannungen zu berücksichtigen haben, die sich, wie im vorigen Abschnitt gezeigt wurde, mit Hilfe der Rotationskoeffizienten ähnlich wie die Reaktanzspannungen und Ohmschen Spannungsabfälle auf die Ströme zurückführen lassen. Im einzelnen erhalten wir:

6. den Selbstrotationskoeffizienten der Wicklung I

$$C_{II} = c_{22} - c_{12} = \frac{16\,\pi^3}{10}\cdot\frac{R\cdot L}{\delta''}\cdot v\cdot 10^{-8}\cdot\left[\left(\frac{s_2\,w_2}{12\,a_2\,p}\right)^2 - \frac{\mathfrak{z}_1\,\mathfrak{w}_1}{2\,\mathfrak{a}_1}\,\frac{s_2\,w_2}{12\,a_2\,p}\right]\cdot\frac{2\sqrt{3}}{\pi}$$

und die entsprechende, vom resultierenden Felde der Wicklung I herrührende EMK. der Drehung:

$$\dot{E}_{d_{11}} = -j\,C_{11}\cdot\frac{v_m}{v}\cdot\dot{J}_1;$$

7. den Streurotationskoeffizienten der Wicklung 2: $c_{2\sigma}'' = c_{22}\cdot\sigma_2''$. Die Streulinien des Ankers können wir in 2 Gruppen trennen; die eine Gruppe, charakterisiert durch den Streukoeffizienten σ_2'', bildet ein Feld aus, das dem Hauptfelde des Ankers ähnlich ist, das in etwa gleicher Weise im Luftraum verteilt und angenähert in gleicher Weise mit sämtlichen Leitern einer Phase verkettet ist. Dieser Teil wird mithin in seiner räumlichen Lage durch die Bürsten ebenso fixiert sein wie das Ankerhauptfeld und der Anker, wird es deshalb bei seiner Rotation mit voller Geschwindigkeit schneiden. Der 2. Teil des Streufeldes (σ_2') schließt sich nur um einzelne Leiter oder Nuten, rotiert also mit dem Anker herum, so daß dieser 2. Teil keine EMK. der Drehung hervorrufen kann[1]. Wir können also die Streurotations-EMK. schreiben:

$$\dot{E}_{d_{2\sigma''}} = -j\,c_{2\sigma''}\cdot\dot{J}_1.$$

Wir wollen noch bemerken, daß der weiter oben benutzte Streukoeffizient $\sigma_2 = \sigma_2' + \sigma_2''$ zu setzen ist;

8. den Wechselrotationskoeffizienten zwischen Erregerwicklung und Anker:

$$C_{32} = \frac{16\,\pi^3}{10}\cdot\frac{R\cdot L}{\delta''}\cdot v\cdot 10^{-8}\cdot\left(\frac{\mathfrak{z}_3\,\mathfrak{w}_3}{2\,\mathfrak{a}_3}\cdot\frac{s_2\,w_2}{12\,a_2 p}\right)\cdot\frac{2\sqrt{3}}{\pi}$$

und die entsprechende, durch Rotation im Erregerfelde induzierte EMK.

$$\dot{E}_{d_{32}} = +j\,\dot{J}_3\,C_{32}\cdot\frac{v_m}{v}.$$

Hiermit haben wir alle in der Wicklung I auftretenden EMKe. berücksichtigt und können nun dazu übergehen, die Selbst- und Wechselreaktanzen der Erregerwicklung und die entsprechenden EMKe. der Selbst- und Wechselinduktion zu formulieren.

1. Die Selbstreaktanz der Erregerwicklung, herrührend von dem nicht streuenden Feld der Wicklung 3

$$K_{33} = \frac{16\,\pi^3}{10}\cdot\frac{R\cdot L}{\delta''}\cdot v\cdot 10^{-8}\cdot\left(\frac{\mathfrak{z}_3\,\mathfrak{w}_3}{2\,\mathfrak{a}_3}\right)^2\cdot\frac{10}{9}$$

und die Selbstinduktionsspannung

$$\dot{E}_{33} = +j\,K_{33}\cdot\dot{J}_3.$$

2. Die Streureaktanz

$$K_{3\sigma} = K_{33}\cdot\sigma_3$$

und die entsprechende Streuspannung

$$\dot{E}_{3\sigma} = +j\,K_{3\sigma}\cdot\dot{J}_3.$$

3. Die Wechselreaktanz zwischen Wicklung I und der Erregerwicklung (3)

$$k_{13} = \frac{16\,\pi^3}{10}\cdot\frac{R\cdot L}{\delta''}\cdot v\cdot 10^{-8}\cdot\left[\left(\frac{\mathfrak{z}_1\,\mathfrak{w}_1}{2\,\mathfrak{a}_1} - \frac{s_2\,w_2}{12\,a_2 p}\right)\cdot\frac{\mathfrak{z}_3\,\mathfrak{w}_3}{2\,\mathfrak{a}_3}\right]\cdot\frac{10}{9} = k_{13} - k_{23}$$

und die Wechselinduktionsspannung

$$\dot{E}_{13} = +j\,k_{13}\cdot\dot{J}_1.$$

---

[1]) Streng genommen ist eine so scharfe Scheidung der Streulinien in 2 Gruppen nicht zulässig. Die Wirkung der verschiedenartigen Streukraftlinien läßt sich aber am einfachsten auf die angegebene Weise formulieren.

4. Die Wechselstreureaktanz zwischen Kompensationswicklung und Erregerwicklung

$$k_{13\sigma} = k_{13} \cdot \sigma_{13},$$

die vollkommen der vorher besprochenen Wechselstreureaktanz $k_{31\sigma}$ entspricht und die Wechselstreuspannung bedingt:

$$\dot{E}_{13\sigma} = + j\, k_{13\sigma} \cdot \dot{J}_1.$$

5. Der Ohmsche Widerstand r_3 und der Ohmsche Spannungsabfall

$$\dot{E}_{3R} = - r_3 \dot{J}_3.$$

Die in der Wicklung I auftretenden, soeben aufgezählten 8 EMKe. müssen beim stationären Lauf des Motors der Netzspannung das Gleichgewicht halten; dasselbe gilt von den 5 EMKen. der Erregerwicklung und der ihr aufgedrückten Erregerspannung (Δ_3).

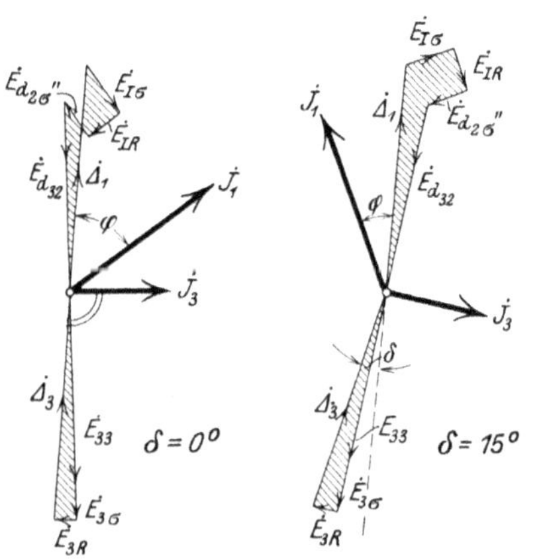

Fig. 10. Spannungsdiagramme des DKNM. bei vollkommener Ankerkompensation und $\frac{1}{a} = 1$.

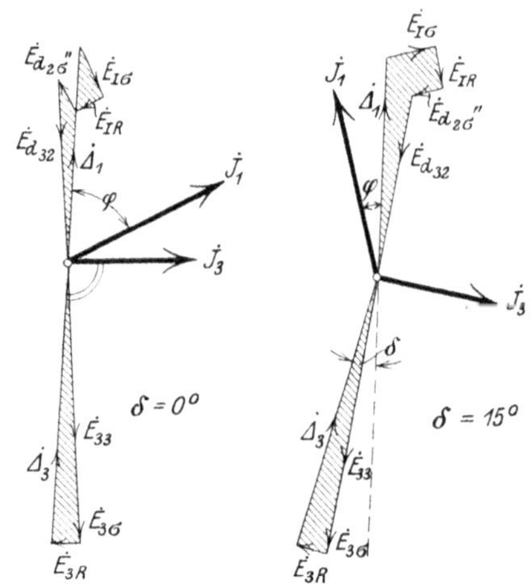

Fig. 11. Spannungsdiagramme des DKNM. bei vollkommener Ankerkompensation und $\frac{1}{a} > 1$.

Diese Gleichgewichtsbedingungen lassen sich bekanntlich graphisch in der Weise zum Ausdruck bringen, daß die aneinandergereihten Spannungsvektoren einer jeden Wicklung einen geschlossenen Linienzug bilden. Die so entstehenden Spannungspolygone der Wicklung I und 3 haben wir in Fig. 10 und 11 dargestellt, und zwar haben wir dabei, um zunächst ein möglichst übersichtliches Spannungsdiagramm zu erhalten, einen besonders einfachen, praktisch recht wichtigen Fall herausgegriffen. In den obigen Figuren ist nämlich die Wechselstreuspannung zwischen der Kompensations- und Erregerwicklung vernachlässigt ($k_{13\sigma} = 0$) und ferner angenommen, daß Anker- und Kompensationswicklung gleiche effektive Windungszahlen besitzen, der Anker also vollkommen kompensiert sei. Unter diesen Voraussetzungen, die praktisch wenigstens angenähert fast immer erfüllt sind, verschwindet jede Wechselinduktionswirkung zwischen der Erregerwicklung und der Wicklung I ($k_{13} = 0$), das Spannungsdiagramm der Erregerwicklung wird also vom Arbeitsstrome (J_1) völlig unabhängig und vereinfacht sich zu einem rechtwinkligen Dreieck, dessen Größe der Erregerspannung proportional ist, während seine Lage gegenüber dem Spannungspolygon der Wicklung I lediglich durch den $\sphericalangle\ \delta$ bestimmt ist (vgl. Fig. 10 und 11).

Da bei den getroffenen Voraussetzungen: $\frac{z_1 w_1}{2 a_1} = \frac{s_2 w_2}{12 a_2 p}$ und $k_{13\sigma} = 0$ nicht nur die

Wechselinduktion zwischen Erregerwicklung und Wicklung I verschwindet, sondern auch die Selbstreaktanz (K_{II}) und der Selbstrotationskoeffizient (C_{II}) der Wicklung I zu o wird, so reduzieren sich die EMKe. der Wicklung I auf die Streuspannung $E_{I\sigma}$, den Ohmschen Spannungsabfall E_{IR}, die EMK. der Drehung im Erregerfelde $E_{d_{II}}$ und die Streurotationsspannung $E_{d_{2\sigma}}''$.

Aus Fig. 10 und 11, die für verschiedene Erregungen und für Werte von $\delta = 0^0$ und 15^0 gezeichnet sind, läßt sich der Einfluß der Größe der Erregerspannung auf die Tourenzahl des Motors und die phasenkompensirerende Wirkung einer Verdrehung der Erregerspannung gegen die Netzspannung deutlich erkennen. Immerhin sind selbst diese einfachen Diagramme ohne weiteres nicht geeignet, um uns ein klares Bild über die Arbeitseigenschaften des Motors zu geben. Noch viel weniger läßt sich der Einfluß von Belastung,

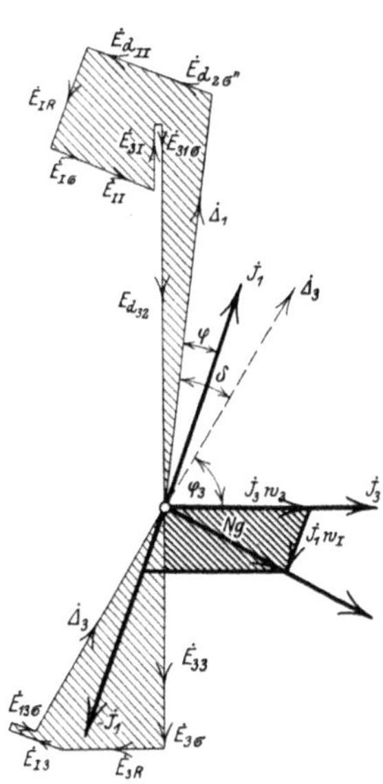

Fig. 12. Spannungsdiagramm des DKNM. bei Unterkompensation des Ankers.

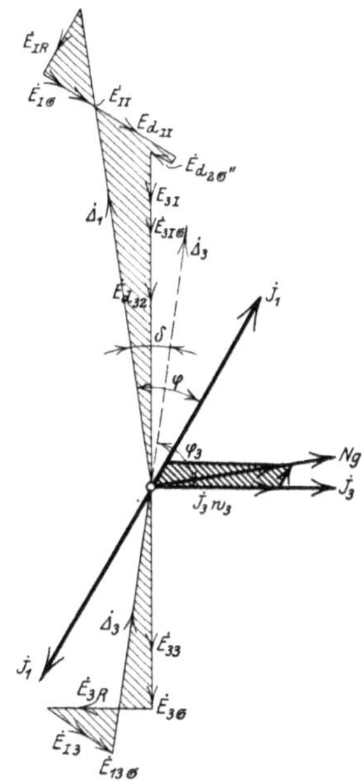

Fig. 13. Spannungsdiagramm des DKNM. bei Überkompensation des Ankers.

Tourenzahl, Größe und Phase der Erregerspannung übersehen, wenn wir unsere vereinfachenden Voraussetzungen fallen lassen und die Spannungsdiagramme für den allgemeinsten Fall entwerfen. Das lehrt sofort ein Blick auf die in Fig. 12 und 13 gezeichneten Diagramme, die für Unter- und Überkompensation des Ankers gelten.

Hier sind die Linienzüge schon so kompliziert, daß selbst ein qualitatives Abschätzen des Einflusses der verschiedenen regelbaren Größen nicht mehr leicht ist. Wir wollen deshalb an dieser Stelle auch gar nicht näher auf die geometrischen Zusammenhänge im Spannungsdiagramm eingehen, sondern gleich den analytischen Weg betreten und versuchen, eine ähnlich einfache Beziehung zwischen dem Stromvektor $\dot{J}_1$ bzw. $\dot{J}_3$ und dem Netzspannungsvektor $\dot{\Delta}_1$ zu finden, wie sie beim Induktionsmotor durch den Ossannaschen Kreis gegeben ist.

3. Die Grundgleichungen und das Admittanzendiagramm des Motors. Die in den Spannungsdiagrammen graphisch zum Ausdruck gebrachten Gleichgewichtsbedingungen zwischen den inneren und äußeren EMKen der Kompensations- und Ankerwicklung einerseits und der Erregerwicklung andererseits lassen sich analytisch durch die beiden Vektorgleichungen wiedergeben:

$$\dot{\Delta}_1 + \dot{E}_{II} + \dot{E}_{I\sigma} + \dot{E}_{d_{II}} + \dot{E}_{d_{2\sigma''}} + \dot{E}_{IR} + \dot{E}_{d_{1}} + \dot{E}_{3I} + \dot{E}_{3I\sigma} = 0$$

$$\dot{\Delta}_3 + \dot{E}_{33} + \dot{E}_{3\sigma} + \dot{E}_{3R} + \dot{E}_{I3} + \dot{E}_{I3\sigma} = 0.$$

Drücken wir in diesen Gleichungen die Spannungsvektoren mit Hilfe der Reaktanzen, Widerstände und Rotationskoeffizienten durch die Stromvektoren $\dot{J}_1$ bzw. $\dot{J}_3$ aus, so erhalten wir:

$$\dot{\Delta}_1 + \dot{J}_1\left[-r_I + j\left(K_{II} + K_{I\sigma} - \frac{v_m}{v}(C_{II} + c_{2\sigma''})\right)\right] + j\,\dot{J}_3\left[(k_{3I} + k_{3I\sigma}) + C_{32}\frac{v_m}{v}\right] = 0$$

$$\dot{\Delta}_3 + \dot{J}_3[-r_3 + j\,(K_{33} + K_{3\sigma})] + j\,\dot{J}_1[k_{I3} + k_{I3\sigma}] = 0.$$

Führen wir noch die zusammenfassenden Bezeichnungen ein

$K_I = K_{II} + K_{I\sigma}$: Totale Selbstreaktanz der Wicklung I

$C_I = C_{II} + c_{2\sigma}''$: Totaler Selbstrotationskoeffizient der Wicklung I,

$K_{I3} = K_{3I} = k_{3I} + k_{3I\sigma}$: Totale Wechselreaktanz zwischen Wicklung 3 und I,

$K_3 = K_{33} + K_{3\sigma}$: Totale Selbstreaktanz der Wicklung 3,

so schreiben sich die Grundgleichungen des Motors in der Form:

$$\dot{\Delta}_1 = \dot{J}_1\left[r_I - j\left(K_I - \frac{v_m}{v}C_I\right)\right] - j\,\dot{J}_3\left(K_{3I} + \frac{v_m}{v}C_{32}\right) \quad \ldots\ldots \quad 1)$$

$$\dot{\Delta}_3 = \dot{J}_3[r_3 - j\,K_3] - j\,\dot{J}_1 K_{I3} = \frac{1}{\alpha}\dot{\Delta}_1(\cos\delta + j\sin\delta) \quad \ldots\ldots \quad 2)$$

Bei $K_{I3} = 0$ also für den schon früher hervorgehobenen besonders wichtigen Fall, daß jede Wechselinduktionswirkung zwischen der Erregerwicklung und der Wicklung I verschwindet [Fall der vollkommenen Ankerkompensation bei $k_{13\sigma} = 0$], vereinfachen sich die Grundgleichungen zu

$$\dot{\Delta}_1 = \dot{J}_1\left[r_I - j\left(K_I - \frac{v_m}{v}C_I\right)\right] - j\,\dot{J}_3\frac{v_m}{v}\cdot C_{32} \quad \ldots\ldots \quad 1a)$$

$$\dot{\Delta}_3 = \dot{J}_3[r_3 - j\,K_3] \quad \ldots\ldots \quad 2a)$$

Wir hätten dieselben Gleichungen natürlich auch ableiten können, wenn wir, statt von den fiktiven Spannungen und Feldern der Wicklung I und 3 auszugehen, das von den resultierenden Amperewindungen der beiden Wicklungen hervorgerufene resultierende Motorfeld Ng (vgl. Fig. 12 und 13) und die von diesem resultierenden Felde erzeugten EMKe eingeführt hätten. Da die Rechnung dadurch jedoch etwas unübersichtlicher geworden wäre, und wir außerdem im Einklang mit der von uns gewählten Art der Ableitung der Konstanten des Motors bleiben wollten, haben wir den obigen Weg vorgezogen.

Um aus den angeführten Grundgleichungen die gesuchte Beziehung zwischen dem Stromvektor $\dot{J}_1$ und dem konstanten Netzspannungsvektor $\dot{\Delta}_1$ zu erhalten, eliminieren wir zunächst aus Gleichung 1 den Erregerstrom mit Hilfe der aus Gleichung 2 gewonnenen Beziehung:

$$\dot{J}_3 = \frac{1}{\alpha}\dot{\Delta}_1\frac{\cos\delta + j\sin\delta}{r_3 - j\,K_3} + j\,\dot{J}_1\frac{K_{I3}}{r_3 - j\,K_3}$$

$$= \frac{1}{\alpha}\dot{\Delta}_1\frac{(r_3\cos\delta - K_3\sin\delta) + j\,(r_3\sin\delta + K_3\cos\delta)}{r_3^2 + K_3^2} - \dot{J}_1\frac{(K_{I3}K_3 - j\,K_{I3}\cdot r_3)}{r_3^2 + K_3^2}$$

oder

$$\dot{J}_3 = \frac{1}{\alpha}\dot{\Delta}_1\frac{c + j\,b}{r_3^2 + K_3^2} - \dot{J}_1\frac{K_{I3}K_3 - j\,K_{I3}\cdot r_3}{r_3^2 + K_3^2} \quad \ldots\ldots \quad 2b)$$

wobei vorübergehend

$$b = r_3 \sin\delta + K_3 \cos\delta$$
$$c = r_3 \cos\delta - K_3 \sin\delta$$

bezeichnen soll. Gleichung 1 geht dann, wenn wir noch den Parameter $\frac{v_m}{v}$ ausscheiden über in

$$\frac{v_m}{v}\left[j\dot{J}_1 C_I + \frac{1}{\alpha}\dot{\Delta}_1 \frac{b - j\,c}{r_3^2 + K_3^2}\cdot C_{32} + \dot{J}_1 \frac{C_{32}}{r_3^2 + K_3^2}(+\,j\,K_{I3}K_3 + K_{I3}r_3)\right] =$$

$$= \dot{\Delta}_1 - \dot{J}_1(r_I - j\,K_I) - \frac{1}{\alpha}\dot{\Delta}_1 \frac{K_{3I}}{r_3^2 + K_3^2}(b - j\,c) -$$

$$- \frac{K_{3I}}{r_3^2 + K_3^2}\cdot \dot{J}_1 (K_{I3}r_3 + j\,K_{I3}K_3) \quad \ldots\ldots \quad 3)$$

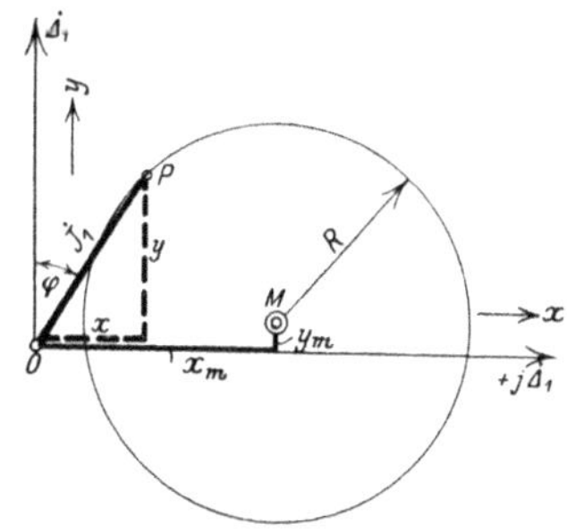

Fig. 14.

Multiplizieren wir diese Gleichung auf innere Weise mit $\dot{J}_1$ und $-j\,\dot{J}_1$ und bezeichnen wir die Projektion des Stromvektors auf die Richtungen von $\dot{\Delta}_1$ und $+\,j\,\dot{\Delta}_1$ als y und x (vgl. Fig. 14), so zerfällt die Vektorgleichung in die 2 neuen auf das gewählte rechtwinklige Koordinatensystem bezogenen Gleichungen:

$$\frac{v_m}{v}\left[\frac{1}{\alpha}\Delta_1 \frac{C_{32}}{r_3^2 + K_3^2}(b\,y - c\,x) + J_1^2 \frac{C_{32}}{r_3^2 + K_3^2} K_{I3}\, r_3\right]$$

$$= \Delta_1 y - J_1^2 r_1 - \frac{1}{\alpha}\Delta_1 \frac{K_{3I}}{r_3^2 + K_3^2}(b\,y - c\,x) - J_1^2 r_3 \frac{K_{3I}\,K_{I3}}{r_3^2 + K_3^2}$$

$$\frac{v_m}{v}\left[\frac{1}{\alpha}\Delta_1 \frac{C_{32}}{r_3^2 + K_3^2}(b\,x + c\,y) - J_1^2 \frac{C_{32}}{r_3^2 + K_3^2} K_{I3} r_3 - J_1^2 C_I\right]$$

$$= \Delta_1 x - J_1^2 K_I - \frac{1}{\alpha}\Delta_1 \frac{K_{3I}}{r_3^2 + K_3^2}(c\,y + b\,x) + J_1^2 K_3 \frac{K_{3I}\,K_{I3}}{r_3^2 + K_3^2}$$

Multiplizieren wir beide Gleichungen über Kreuz aus und ordnen die einzelnen Faktoren nach Potenzen von x und y, so erhalten wir, wenn wir beide Seiten der Gleichungen durch $K_I C_I K_3^2$ dividieren,

$$(x^2 + y^2)\left[\frac{C_{32}\cdot K_{I3}}{C_I K_3}\left(\frac{r_3}{K_3} + \frac{r_I}{K_I}\right) + \frac{r_I}{K_I}\left(1 + \frac{r_3^2}{K_3^2}\right) + \frac{r_3}{K_3}\,\frac{K_{3I}K_{I3}}{K_I K_3}\right]$$

$$-\,2\,x\left[\frac{\Delta_1}{2\,K_I}\left\{\frac{r_3}{K_3}\,\frac{C_{32}K_{I3}}{C_I K_3} + \frac{1}{\alpha}\,\frac{K_I}{C_I}\,\frac{C_{32}}{K_3}\left(\frac{K_{I3}K_{3I}}{K_I K_3}\cdot\frac{C_I K_3}{C_{32}K_{3I}}\left(\frac{r_3}{K_3}\cos\delta - \sin\delta\right)\right.\right.\right.$$
$$\left.\left.\left.+\left(\frac{r_3}{K_3} + \frac{r_I}{K_I}\right)\cos\delta - \left(1 - \frac{r_I}{K_I}\,\frac{r_3}{K_3}\right)\sin\delta\right)\right\}\right]$$

$$-\,2\,y\left[\frac{\Delta_1}{2\,K_I}\left\{\frac{C_{32}K_{I3}}{C_I K_3} + \left(1 + \frac{r_3^2}{K_3^2}\right) - \frac{1}{\alpha}\,\frac{K_I C_{32}}{C_I K_3}\left(\frac{K_{I3}K_{3I}}{K_I K_3}\,\frac{C_I K_3}{C_{32}K_{3I}}\left(\frac{r_3}{K_3}\sin\delta + \cos\delta\right)\right.\right.\right.$$
$$\left.\left.\left.+\left(\frac{r_3}{K_3} + \frac{r_I}{K_I}\right)\sin\delta + \left(1 - \frac{r_I}{K_I}\,\frac{r_3}{K_3}\right)\cos\delta\right)\right\}\right]$$

$$-\frac{1}{\alpha}\Delta_1 \frac{\Delta_1}{K_I}\,\frac{C_{32}}{C_I}\left(1 + \frac{r_3^2}{K_3^2}\right) = 0.$$

Führen wir in diese Gleichung die dem Blondelschen Streuungskoeffizienten analoge Substitution:

$$\sigma = 1 - \frac{K_{I3}\,K_{3I}}{K_I\,K_3}$$

und den ganz ähnlich gebauten Ausdruck:

$$\mu = 1 + \frac{K_{13} C_{32}}{K_3 C_1}$$

ein, der zwar keine einfache physikalische Deutung zuläßt, aber als Rechnungsgröße recht wertvoll ist, so schreibt sich die gesuchte Beziehung zwischen dem Stromvektor J_1 und dem Netzspannungsvektor $\dot{\Delta}_1$ in der etwas übersichtlicheren Form:

$$\begin{aligned}
&(x^2 + y^2)\left[\frac{r_1}{K_1}\left(\mu + \frac{r_3^2}{K_3^2}\right) + \frac{r_3}{K_3}(\mu - \sigma)\right] \\
&\quad - 2x\left[\frac{\Delta_1}{2K_1}\left\{\frac{r_3}{K_3}(\mu - 1) + \frac{1}{\alpha}\frac{K_1}{C_1}\frac{C_{32}}{K_3}\left(\frac{1-\sigma}{\mu - 1}\left(\frac{r_3}{K_3}\cos\delta - \sin\delta\right)\right.\right.\right. \\
&\qquad\qquad \left.\left.\left. + \left(\frac{r_3}{K_3} + \frac{r_1}{K_1}\right)\cos\delta - \left(1 - \frac{r_1}{K_1}\frac{r_3}{K_3}\right)\sin\delta\right)\right\}\right] \\
&\quad - 2y\left[\frac{\Delta_1}{2K_1}\left\{\left(\mu + \frac{r_3^2}{K_3^2}\right) - \frac{1}{\alpha}\frac{K_1}{C_1}\frac{C_{32}}{K_3}\left(\frac{1-\sigma}{\mu - 1}\left(\frac{r_3}{K_3}\sin\delta + \cos\delta\right)\right.\right.\right. \\
&\qquad\qquad \left.\left.\left. + \left(\frac{r_3}{K_3} + \frac{r_1}{K_1}\right)\sin\delta + \left(1 - \frac{r_1}{K_1}\frac{r_3}{K_3}\right)\cos\delta\right)\right\}\right] \\
&\quad - \frac{1}{\alpha}\Delta_1\frac{\Delta_1}{K_1}\frac{C_{32}}{C_1}\left(1 + \frac{r_3^2}{K_3^2}\right) = 0 \quad \ldots\ldots\ldots\ldots \quad 4)
\end{aligned}$$

Diese Gleichung besagt aber: Das Admittanzendiagramm des DKNM. mit vollkommener oder teilweiser Ankerkompensation und getrennter Erregerwicklung ist ein Kreis, dessen Größe der Netzspannung proportional ist, während seine Lage gegenüber dem Netzspannungsvektor durch die Motorkonstanten und die Größe und Phase der Erregerspannung bedingt ist.

Die Mittelpunktskoordinaten (M, x_m, y_m) dieses Kreises lassen sich aus der obigen Gleichung ohne weiteres ablesen.

$$x_m = \frac{\Delta_1}{2K_1}\cdot\frac{(\mu - 1)\frac{r_3}{K_3} + \frac{1}{\alpha}\frac{K_1}{C_1}\frac{C_{32}}{K_3}\left[\frac{1-\sigma}{\mu - 1}\left(\frac{r_3}{K_3}\cos\delta - \sin\delta\right) + \left(\frac{r_3}{K_3} + \frac{r_1}{K_1}\right)\cos\delta - \left(1 - \frac{r_1}{K_1}\frac{r_3}{K_3}\right)\sin\delta\right]}{\frac{r_1}{K_1}\left(\mu + \frac{r_3^2}{K_3^2}\right) + \frac{r_3}{K_3}(\mu - \sigma)} \quad 5)$$

$$y_m = \frac{\Delta_1}{2K_1}\cdot\frac{\left(\mu + \frac{r_3^2}{K_3^2}\right) - \frac{1}{\alpha}\frac{K_1}{C_1}\frac{C_{32}}{K_3}\left[\frac{1-\sigma}{\mu - 1}\left(\frac{r_3}{K_3}\sin\delta + \cos\delta\right) + \left(\frac{r_3}{K_3} + \frac{r_1}{K_1}\right)\sin\delta + \left(1 - \frac{r_1}{K_1}\frac{r_3}{K_3}\right)\cos\delta\right]}{\frac{r_1}{K_1}\left(\mu + \frac{r_3^2}{K_3^2}\right) + \frac{r_3}{K_3}(\mu - \sigma)} \quad 6)$$

Die Formel für den Radius (R) des Admittanzenkreises wollen wir ihrer unhandlichen Form wegen gar nicht anschreiben, zumal wir die Größe des Radius viel einfacher aus den Mittelpunktskoordinaten und den noch zu bestimmenden Koordinaten einiger charakteristischer Kreispunkte ermitteln können. Dagegen wollen wir noch die Werte von x_m und y_m für den wichtigen Fall berechnen, daß $K_{13} = 0$ wird. Die vorher eingeführten Substitutionen σ und μ nehmen, wenn die Wechselinduktionswirkungen zwischen Wicklung I und 3 verschwinden den Wert 1 an, und damit gehen die Gleichungen für die Mittelpunktskoordinaten über in:

$$x_m = \frac{\Delta_1}{2\,K_I}\left[\frac{1}{\alpha}\,\frac{K_I}{C_I}\,\frac{C_{31}}{K_3}\;\frac{\left(\frac{r_3}{K_3}+\frac{r_I}{K_I}\right)\cos\delta-\left(1-\frac{r_I}{K_I}\,\frac{r_3}{K_3}\right)\sin\delta}{\frac{r_I}{K_I}\left(1+\frac{r_3^2}{K_3^2}\right)}\right] \quad \ldots\ldots \quad 5\,a)$$

$$y_m = \frac{\Delta_1}{2\,K_I}\left[\frac{1}{\alpha}\,\frac{K_I}{C_I}\,\frac{C_{31}}{K_3}\;\frac{-\left(1-\frac{r_I}{K_I}\,\frac{r_3}{K_3}\right)\cos\delta-\left(\frac{r_I}{K_I}+\frac{r_3}{K_3}\right)\sin\delta}{\frac{r_I}{K_I}\left(1+\frac{r_3^2}{K_3^2}\right)}+\frac{1}{\frac{r_I}{K_I}}\right] \quad 6\,a)$$

Bevor wir auf die Abhängigkeit der Mittelpunktskoordinaten von der Größe und Phase der Erregerspannung eingehen, wollen wir für einige ausgezeichnete Kreispunkte, insbesondere für den Leerlaufpunkt (L), den Stillstandspunkt (K) und den Punkt der unendlichen Tourenzahl (U), die Koordinaten ableiten. Die Kenntnis der Lage dieser Punkte ermöglicht nicht nur eine rasche Abschätzung des ganzen Motorverhaltens, sondern sie gibt uns auch ein Mittel an die Hand, die für jedes Admittanzendiagramm charakteristischen vom Ossanna-Kreise her bekannten Geraden des Drehmomentes, der mechanischen Leistung, der Tourenzahl usw. in das Kreisdiagramm einzutragen.

4. Die charakteristischen Punkte des Stromdiagramms. Aus den im vorigen Abschnitt abgeleiteten Grundgleichungen läßt sich für jeden Arbeitszustand des Motors die Stromaufnahme, Leistungsfaktor, Tourenzahl und Drehmoment berechnen, wenn wir die den ins Auge gefaßten Belastungszustand charakterisierende Bedingung mit den Grundgleichungen kombinieren. So können wir selbstverständlich auch für die schon angeführten, besonders wichtigen Arbeitszustände, also für den vollkommenen Leerlauf, bei dem das Drehmoment zu o wird, für den Punkt der unendlichen Tourenzahl oder schließlich für den Stillstand des Motors, Größe und Phase des Hauptstromes J_1 und damit die Lage der entsprechenden ,,charakteristischen Kreispunkte" auf dem Admittanzendiagramm ableiten. Wir wollen uns vorläufig mit der einfachen Ermittlung der Koordinaten der Kreispunkte begnügen und erst im folgenden Abschnitt ihre Abhängigkeit von der Erregerspannung eingehender besprechen.

a) Der Stillstandspunkt. Setzen wir die Bedingung für den Stillstand des Motors: $n = 0$; $v_m = 0$, in die aus unseren Grundgleichungen abgeleitete Gleichung 3 ein, so wird die linke Seite dieser Gleichung zu o und es ergibt sich die Beziehung:

$$\dot{\Delta}_1 - \dot{J}_1\left[r_I - j\,K_I + \frac{K_{3I}}{r_3^2+K_3^2}\,(K_{I3}\cdot r_3 + j\,K_{I3}\,K_3)\right] - \frac{1}{\alpha}\,\dot{\Delta}_1\,\frac{K_{3I}}{r_3^2+K_3^2}\,(b - j\,c) = 0$$

und daraus

$$\dot{J}_1 = \dot{\Delta}_1\,\frac{\left(1-\frac{1}{\alpha}K_{3I}\,\frac{r_3\sin\delta+K_3\cos\delta}{r_3^2+K_3^2}\right)+j\left(\frac{1}{\alpha}K_{3I}\,\frac{r_3\cos\delta-K_3\sin\delta}{r_3^2+K_3^2}\right)}{r_I+r_3\,\frac{K_{I3}\,K_{3I}}{r_3^2+K_3^2}-j\left(K_I-K_3\,\frac{K_{I3}\,K_{3I}}{r_3^2+K_3^2}\right)}.$$

Aus dieser Gleichung lassen sich die gesuchten Koordinaten (x_K, y_K) in reeller Form ohne weiteres ableiten, wenn wir Zähler und Nenner mit der dem Nenner konjugierten Größe multiplizieren und dann den Zähler nach den reellen (y) und den imaginären (x) Gliedern ordnen. Wir erhalten so nach einigen Umformungen

$$x_K = \frac{\Delta_1}{K_I}\left(1+\frac{r_3^2}{K_3^2}\right)\frac{\left(1+\frac{r_3^2}{K_3^2}\right)-(1-\sigma)+\frac{1}{\alpha}\,\frac{K_{3I}}{K_3}\left(\cos\delta\left(\frac{r_I}{K_I}\,\frac{r_3}{K_3}-\sigma\right)-\sin\delta\left(\frac{r_I}{K_I}+\frac{r_3}{K_3}\right)\right)}{\left[\frac{r_I}{K_I}\left(1+\frac{r_3^2}{K_3^2}\right)+\frac{r_3}{K_3}(1-\sigma)\right]^2+\left[\frac{r_3^2}{K_3^2}+\sigma\right]^2} \quad 7)$$

$$y_K = \frac{\Delta_1}{K_I}\left(1+\frac{r_3^2}{K_3^2}\right)\frac{\frac{r_I}{K_I}\left(1+\frac{r_3^2}{K_3^2}\right)+\frac{r_3}{K_3}(1-\sigma)-\frac{1}{\alpha}\frac{K_{3I}}{K_3}\left(\sin\delta\left(\frac{r_I}{K_I}\frac{r_3}{K_3}-\sigma\right)+\cos\delta\left(\frac{r_I}{K_I}+\frac{r_3}{K_3}\right)\right)}{\left[\frac{r_I}{K_I}\left(1+\frac{r_3^2}{K_3^2}\right)+\frac{r_3}{K_3}(1-\sigma)\right]^2+\left[\frac{r_3^2}{K_3^2}+\sigma\right]^2} \qquad 8)$$

Diese Ausdrücke vereinfachen sich wieder ganz außerordentlich für den Fall $K_{I3} = 0$, wir erhalten dann nämlich:

$$x_K = \frac{\Delta_1}{K_I}\cdot\frac{1}{1+\frac{r_I^2}{K_I^2}} \quad \ldots\ldots\ldots\ldots \quad 7a)$$

$$y_K = \frac{\Delta_1}{K_I}\cdot\frac{\frac{r_I}{K_I}}{1+\frac{r_I^2}{K_I^2}} \quad \ldots\ldots\ldots\ldots \quad 8a)$$

$$\operatorname{tg}\varphi_K = \frac{y_K}{x_K} = \frac{r_I}{K_I}.$$

Das heißt aber, daß der Motor im Stillstande sich nicht anders verhält als eine Drosselspule mit dem Ohmschen Widerstande r_I und der Selbstreaktanz K_I, ein Ergebnis, das natürlich vorauszusehen war, wenn man bedenkt, daß bei $K_{I3} = 0$ die Wechselinduktionswirkungen zwischen den Wicklungen I und 3 verschwinden.

b) Der Punkt der unendlichen Tourenzahl. Die Koordinaten (x_u, y_u) des Punktes der unendlichen Tourenzahl lassen sich am schnellsten wieder aus Gleichung 3 ableiten. Für $n = \infty$, $v_m = \infty$ muß nämlich der Klammerausdruck auf der linken Seite der Gleichung zu 0 werden, damit die rechte Seite der Gleichung noch einen endlichen Wert ergibt. Es muß also die Beziehung bestehen:

$$\frac{1}{\alpha}\dot{\Delta}_1(b - j\,c) + \dot{J}_1\left[K_{I3}\,r_3 + j\left(K_{I3}K_3 + \frac{C_I}{C_{32}}(r_3^2 + K_3^2)\right)\right] = 0$$

oder

$$\dot{J}_1 = \frac{1}{\alpha}\dot{\Delta}_1\frac{-(r_3\sin\delta + K_3\cos\delta) + j\,(r_3\cos\delta - K_3\sin\delta)}{[K_{I3}\cdot r_3] + j\left[K_{I3}K_3 + \frac{C_I}{C_{32}}(r_3^2 + K_3^2)\right]}.$$

Multiplizieren wir wieder Zähler und Nenner mit der dem Nenner konjugiert komplexen Größe:

$$(K_{I3}\cdot r_3) - j\left(K_{I3}K_3 + \frac{C_I}{C_{32}}(r_3^2 + K_3^2)\right)$$

und trennen wir dann die Watt- und wattlose Komponente des Stromes, so erhalten wir die gesuchten Koordinaten:

$$x_u = \frac{1}{\alpha}\frac{\Delta_1}{C_I}\frac{C_{32}}{K_3}\frac{\frac{r_3}{K_3}\sin\delta + \mu\cos\delta}{\mu^2 + \frac{r_3^2}{K_3^2}} \quad \ldots\ldots\ldots \quad 9)$$

$$y_u = \frac{1}{\alpha}\frac{\Delta_1}{C_I}\frac{C_{32}}{K_3}\frac{\frac{r_3}{K_3}\cos\delta - \mu\sin\delta}{\mu^2 + \frac{r_3^2}{K_3^2}} \quad \ldots\ldots\ldots \quad 10)$$

$$\operatorname{tg}\varphi_u = \frac{\frac{r_3}{K_3}\cos\delta - \mu\sin\delta}{\frac{r_3}{K_3}\sin\delta + \mu\cos\delta} = \frac{y_u}{x_u}$$

und die zugehörigen Werte für $K_{13} = 0$

$$x_u = \frac{1}{\alpha}\frac{\Delta_1}{C_I}\frac{C_{32}}{K_3}\cdot\frac{\frac{r_3}{K_3}\sin\delta + \cos\delta}{1 + \frac{r_2^3}{K_3^2}} \quad \ldots\ldots\ldots \quad 9a)$$

$$y_u = \frac{1}{\alpha}\cdot\frac{\Delta_1}{C_I}\frac{C_{32}}{K_3}\frac{\frac{r_3}{K_3}\cos\delta - \sin\delta}{1 + \frac{r_3^2}{K_3^2}} \quad \ldots\ldots\ldots \quad 10a)$$

$$\operatorname{tg}\varphi_u = \frac{\frac{r_3}{K_3}\cos\delta - \sin\delta}{\frac{r_3}{K_3}\sin\delta + \cos\delta} = \frac{y_u}{x_u}.$$

c) Der Leerlaufpunkt und die Leerlauftourenzahl. Die Berechnung der Koordinaten des Leerlaufpunktes L und der Leerlauftourenzahl $n_0 = n_s \cdot \frac{v_{m_0}}{v}$ [1]) ist etwas umständlicher. Wir gehen am besten von der 1. Grundgleichung aus und setzen in diese den Wert von $\dot{\Delta}_1$ aus der 2. Grundgleichung ein. Wir erhalten dann die Beziehung:

$$\dot{J}_3(r_3 - j K_3) - j\dot{J}_1 K_{13} =$$
$$= \frac{1}{\alpha}\left[\dot{J}_1\left(r_I - j\left(K_I - \frac{v_m}{v}C_I\right)\right) - j\dot{J}_3\left(K_{3I} + \frac{v_m}{v}C_{32}\right)\right]\cdot(\cos\delta + j\sin\delta),$$

die sich auch schreiben läßt:

$$\dot{J}_1\left[\left(\frac{1}{\alpha}r_I + K_{13}\sin\delta\right) + j\left(K_{13}\cos\delta - \frac{1}{\alpha}\left(K_I - \frac{v_m}{v}C_I\right)\right)\right]$$
$$= \dot{J}_3\left[(r_3\cos\delta - K_3\sin\delta) + j\left(\frac{1}{\alpha}\left(K_{3I} + \frac{v_m}{v}C_{32}\right) - (r_3\sin\delta + K_3\cos\delta)\right)\right] \quad 11)$$

Zu dieser allgemein gültigen Gleichung wollen wir noch die für den Leerlauf des Motors geltende Bedingung hinzunehmen, daß das Drehmoment zu 0 wird, daß also das äußere Produkt der Erreger- und Ankeramperewindungen oder auch das äußere Produkt der entsprechenden Stromvektoren verschwindet.

$$\dot{J}_1\cdot(+j\dot{J}_3) = 0$$

Diese Bedingung bedeutet nichts anderes, als daß der Erregerstrom und Arbeitsstrom phasengleich werden, das heißt, daß die Watt- und wattlosen Komponenten der beiden Ströme im gleichen Verhältnis stehen. Da nach Gleichung 11 außerdem die Summen der Watt- und wattlosen Komponenten von J_1 und J_3 gleich sind, so folgt:

$$\left.\begin{aligned}\dot{J}_1\left[\frac{1}{\alpha}r_I + K_{13}\sin\delta\right] &= \dot{J}_3\left[r_3\cos\delta - K_3\sin\delta\right]\\ \dot{J}_1\left[K_{13}\cos\delta - \frac{1}{\alpha}\left(K_I - \frac{v_{m_0}}{v}C_I\right)\right] &= \dot{J}_3\left[\frac{1}{\alpha}\left(K_{3I} + \frac{v_{m_0}}{v}C_{32}\right) - (r_3\sin\delta + K_3\cos\delta)\right]\end{aligned}\right\} \quad 12)$$

Durch Kombination dieser beiden Gleichungen erhalten wir nach einigen unwesentlichen Umformungen und Einführung der früher definierten Substitutionen μ und σ die

---

[1]) Dabei bezeichnet n_s die synchrone Tourenzahl v_{m_0} die der Leerlauftourenzahl entsprechende Periodenzahl.

der Leerlauftourenzahl entsprechende Periodenzahl — v_{m_0} — bzw. den Synchronismusgrad $\frac{v_{m_0}}{v}$ des Motors bei Leerlauf.

$$\frac{v_{m_0}}{v} = \frac{\frac{r_I}{K_I}\left(\alpha\left(\frac{r_3}{K_3}\sin\delta + \cos\delta\right) - \frac{K_{3I}}{K_3}\right) - \alpha\left(\frac{r_3}{K_3}\cos\delta - \sigma\sin\delta\right) + \alpha^2\frac{r_3}{K_3}\frac{K_{I3}}{K_I}}{\frac{r_I}{K_I}\frac{C_{32}}{K_3} - \alpha\frac{C_I}{K_I}\left(\frac{r_3}{K_3}\cos\delta - \mu\sin\delta\right)} \qquad 13)$$

Bei $K_{I3} = 0$ vereinfacht sich diese Gleichung zu:

$$\frac{v_{m_0}}{v} = \frac{\alpha\left[\left(1 + \frac{r_I}{K_I}\frac{r_3}{K_3}\right)\sin\delta + \left(\frac{r_I}{K_I} - \frac{r_3}{K_3}\right)\cos\delta\right]}{\frac{r_I}{K_I}\frac{C_{32}}{K_3} + \alpha\frac{C_I}{K_I}\left(\sin\delta - \frac{r_3}{K_3}\cos\delta\right)} \quad \ldots\ldots \quad 13\,a)$$

Vernachlässigen wir noch r_3, so erhalten wir hieraus für $\delta = 0$ die wichtige Beziehung:

$$\frac{v_{m_0}}{v} = \frac{1}{\frac{1}{\alpha}\cdot\frac{C_{32}}{K_3}} \cong \frac{\alpha\,\frac{\mathfrak{z}_3\,\mathfrak{w}_3}{2\,a_3}}{\frac{s_2\,w_2}{12\,a_2\,p}}.$$

Wir sehen also, daß in erster Annäherung die Leerlauftourenzahl des Motors dem Erregerfelde und der Ankerwindungszahl umgekehrt proportional ist, ein Ergebnis, das nicht überrraschen kann und uns wieder auf die Verwandtschaft hinweist, die zwischen dem Gleichstrommotor mit Fremderregung und dem von uns behandelten DKNM. besteht.

Die vorher abgeleitete Beziehung zwischen dem Arbeitsstrome J_1 und dem Erregerstrom J_3 können wir auch dazu benutzen, um die Koordinaten des Leerlaufpunktes zu berechnen. Wir setzen den Wert von J_3 aus Gleichung 12 in die 2. Grundgleichung ein und erhalten:

$$\dot{J}_{1L} = \dot{\Delta}_1 \frac{\cos\delta + j\sin\delta}{(r_I r_3 + \alpha K_{I3} r_3 \sin\delta) - j\,(r_I K_3 + \alpha K_{I3} K_3 \sin\delta + \alpha K_{I3}(r_3^2 + K_3^2))}.$$

Machen wir den Nenner wieder in der bekannten Weise reell und trennen die auftretenden Summanden des Zählers in die Watt- (y)- und wattlosen (x) Komponenten des Leerlaufstromes, so ergeben sich die Koordinaten:

$$x_L = \frac{\Delta_1}{r_I}\cdot\frac{\left(\frac{r_3}{K_3}\cos\delta - \sin\delta\right)\left(\frac{r_3}{K_3}\sin\delta + \cos\delta + \alpha\cdot\frac{r_3}{K_3}\frac{K_{IIII}}{r_I}\right)}{\left(1 + \frac{r_3^2}{K_3^2}\right) + 2\alpha\frac{K_{I3}}{K_3}\frac{r_3}{r_I}\left(\frac{r_3}{K_3}\sin\delta + \cos\delta + \frac{\alpha}{2}\frac{K_{I3}}{K_3}\frac{r_3}{r_I}\right)} \quad \ldots \quad 14)$$

$$y_L = \frac{\Delta_1}{r_I}\cdot\frac{\left(\frac{r_3}{K_3}\cos\delta - \sin\delta\right)^2}{\left(1 + \frac{r_3^2}{K_3^2}\right) + 2\alpha\frac{K_{I3}}{K_3}\frac{r_3}{r_I}\left(\frac{r_3}{K_3}\sin\delta + \cos\delta + \frac{\alpha}{2}\frac{K_{I3}}{K_3}\frac{r_3}{r_I}\right)} \quad \ldots \quad 15)$$

und die entsprechenden Koordinaten für $K_{I3} = 0$:

$$x_L = \frac{\Delta_1}{r_I}\cdot\frac{\left(\frac{r_3}{K_3}\cos\delta - \sin\delta\right)\left(\frac{r_3}{K_3}\sin\delta + \cos\delta\right)}{1 + \frac{r_3^2}{K_3^2}} \quad \ldots\ldots \quad 14\,a)$$

$$y_L = \frac{\Delta_1}{r_I} \cdot \frac{\left(\frac{r_3}{K_3}\cos\delta - \sin\delta\right)^2}{1 + \frac{r_3^2}{K_3^2}} \quad \ldots\ldots\ldots\ldots \quad 15\,a)$$

$$\operatorname{tg}\varphi_L = \frac{y_L}{x_L} = \frac{\left(\frac{r_3}{K_3}\cos\delta - \sin\delta\right)}{\left(\frac{r_3}{K_3}\sin\delta + \cos\delta\right)}.$$

Die Lage des Leerlaufpunktes wird also bei $K_{I3} = 0$ unabhängig von der Größe der Erregerspannung und wird für $\delta = 0$ durch die einfache Beziehung festgelegt:

$$x_L = \frac{\Delta_1}{r_I} \cdot \frac{\frac{r_3}{K_3}}{1 + \left(\frac{r_3}{K_3}\right)^2}; \quad \ldots \quad 14\,b)$$

$$y_L = \frac{\Delta_1}{r_I} \cdot \frac{\left(\frac{r_3}{K_3}\right)^2}{1 + \left(\frac{r_3}{K_3}\right)^2} \qquad \operatorname{tg}\varphi_L = \frac{r_3}{K_3} \quad 15\,b)$$

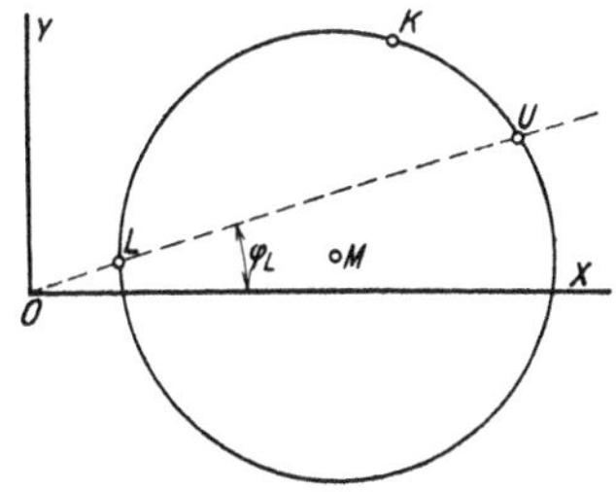

Fig. 15.
Leerlaufpunkt und Punkt der unendlichen Tourenzahl bei $K_{I3} = 0$.

Zu bemerken ist noch, daß die Tangenten des Neigungswinkels für den Leerlaufpunkt und den Punkt der unendlichen Tourenzahl gleich groß sind, wenn $K_{I3} = 0$ (vgl. Fig. 15).

5. Die Abhängigkeit des Admittanzendiagrammes und der charakteristischen Kreispunkte von der Erregerspannung. Größe und Phase der Erregerspannung war bei der von uns zugrunde gelegten Schaltung des DKNM. beliebig einstellbar. Die Größe der Erregerspannung bedingte, wie wir gezeigt haben, bei konstanter Netzspannung die Leerlauftourenzahl des Motors, während die zeitliche Phasenverschiebung (δ) [1]) zwischen dem Vektor der Netz- und Erregerspannung vorzugsweise den Leistungsfaktor beeinflußte. Um nun einen raschen Überblick über die Arbeitsweise des Motors bei jeder Tourenstufe zu gewinnen und ohne viel Rechenarbeit den günstigsten $\sphericalangle\ \delta$ für jede Belastungsart zu ermitteln, ist es erforderlich, das Admittanzendiagramm für die verschiedensten Werte von α und δ zu entwerfen. Wollte man nun jedesmal die Mittelpunktskoordinaten des Admittanzendiagrammes und die Koordinaten der verschiedenen charakteristischen Kreispunkte berechnen, so wäre bei der Kompliziertheit der in Frage kommenden Formeln eine praktische Verwendung des Kreisdiagrammes kaum möglich. Es muß deshalb unsere nächste Aufgabe sein, eine einfache Abhängigkeit der Lage der charakteristischen Kreispunkte und damit auch der Lage und Größe des Admittanzendiagrammes von der Größe und Phase der Erregerspannung nachzuweisen.

Wir gehen aus von den Mittelpunktskoordinaten, die wir, um den Einfluß von α und δ deutlicher hervortreten zu lassen, in der etwas abgeänderten Form schreiben:

$$x_m = \frac{\Delta_1}{2\,K_I} \cdot \frac{(\mu - 1)\frac{r_3}{K_3}}{\frac{r_I}{K_I}\left(\mu + \frac{r_3^2}{K_3^2}\right) + \frac{r_3}{K_3}(\mu - \sigma)}$$

$$+ \frac{1}{\alpha} \cdot \frac{\Delta_1 \cdot K_I \cdot C_{32}}{2\,K_I \cdot C_I \cdot K_3} \cdot \frac{\cos\delta\left[\frac{\mu - \sigma}{\mu - 1} \cdot \frac{r_3}{K_3} + \frac{r_I}{K_I}\right] - \sin\delta\left[\frac{\mu - \sigma}{\mu - 1} - \frac{r_I}{K_I}\frac{r_3}{K_3}\right]}{\frac{r_I}{K_I}\left(\mu + \frac{r_3^2}{K_3^2}\right) + \frac{r_3}{K_3}(\mu - \sigma)}$$

[1] Dabei ist vorausgesetzt, daß Erreger- und Kompensationswicklung koaxial liegen.

$$y_m = \frac{\Delta_1}{2\,K_I} \cdot \frac{\mu + \frac{r_3^2}{K_3^2}}{\frac{r_I}{K_I}\left(\mu + \frac{r_3^2}{K_3^2}\right) + \frac{r_3}{K_3}(\mu - \sigma)}$$

$$+ \frac{1}{\alpha} \cdot \frac{\Delta_1}{2\,K_I} \cdot \frac{K_I}{C_I} \cdot \frac{C_{32}}{K_3} \cdot \frac{\sin\delta\left[\frac{\mu-\sigma}{\mu-1}\,\frac{r_3}{K_3} + \frac{r_I}{K_I}\right] + \cos\delta\left[\frac{\mu-\sigma}{\mu-1} - \frac{r_I}{K_I}\,\frac{r_3}{K_3}\right]}{\frac{r_I}{K_I}\left(\mu + \frac{r_3^2}{K_3^2}\right) + \frac{r_3}{K_3}(\mu - \sigma)}.$$

Führen wir in diesen Gleichungen die Substitutionen ein:

$$X_M = \frac{\Delta_1}{2\,K_I} \cdot \frac{(\mu - 1)\frac{r_3}{K_3}}{\frac{r_I}{K_I}\left(\mu + \frac{r_3^2}{K_3^2}\right) + \frac{r_3}{K_3}(\mu - \sigma)}$$

$$Y_M = \frac{\Delta_1}{2\,K_I} \cdot \frac{\mu + \frac{r_3^2}{K_3^2}}{\frac{r_I}{K_I}\left(\mu + \frac{r_3^2}{K_3^2}\right) + \frac{r_3}{K_3}(\mu - \sigma)}$$

$$A_M = \frac{\Delta_1}{2\,K_I} \cdot \frac{K_I}{C_I} \cdot \frac{C_{32}}{K_3} \cdot \frac{\frac{\mu-\sigma}{\mu-1} \cdot \frac{r_3}{K_3} + \frac{r_I}{K_1}}{\frac{r_I}{K_I}\left(\mu + \frac{r_3^2}{K_3^2}\right) + \frac{r_3}{K_3}(\mu - \sigma)}$$

$$B_M = \frac{\Delta_1}{2\,K_I} \cdot \frac{K_I}{C_I} \cdot \frac{C_{32}}{K_3} \cdot \frac{\frac{\mu-\sigma}{\mu-1} - \frac{r_I}{K_I}\,\frac{r_3}{K_3}}{\frac{r_I}{K_I}\left(\mu + \frac{r_3^2}{K_3^2}\right) + \frac{r_3}{K_3}(\mu - \sigma)},$$

so erhalten wir für x_m und y_m die Werte:

$$\left.\begin{aligned} [x_m - X_M] &= \frac{1}{\alpha}(A_M\cos\delta - B_M\sin\delta) \\ [y_m - Y_M] &= \frac{1}{\alpha}(A_M\sin\delta + B_M\cos\delta) \end{aligned}\right\} \quad \ldots\ldots\ldots \quad 16)$$

Diese Gleichungen gehen, wenn wir sie quadrieren, und addieren über in die Kreisgleichung:

$$x_m^2 + y_m^2 - 2\,x_m X_M - 2\,y_m Y_M + X_M^2 + Y_M^2 - \frac{1}{\alpha^2}(A_M^2 + B_M^2) = 0 \quad .\ . \quad 17)$$

Der Mittelpunkt des Admittanzendiagrammes [M, x_m, y_m] wandert also auf einem Kreise (Mittelpunktskreis), dessen Mittelpunktskoordinaten X_M, Y_M die schon oben angegebenen Werte haben, während sein Radius R_M der Erregerspannung proportional ist und durch die Gleichung gegeben ist:

$$R_M = \frac{1}{\alpha}\sqrt{A_M^2 + B_M^2}$$

$$= \frac{1}{\alpha}\,\frac{\frac{\Delta_1}{2\,K_I} \cdot \frac{K_I}{C_I} \cdot \frac{C_{32}}{K_3}}{\frac{r_I}{K_I}\left(\mu + \frac{r_3^2}{K_3^2}\right) + \frac{r_3}{K_3}(\mu - \sigma)} \cdot \sqrt{\left(1 + \frac{r_3^2}{K_3^2}\right) \cdot \left[\left(\frac{\mu-\sigma}{\mu-1}\right)^2 + \frac{r_I^2}{K_I^2}\right]}. \quad 18)$$

Die Lage des Punktes M auf diesem Mittelpunktskreis ist, wie schon die Parameterdarstellung (Gleichung 16) zeigt, durch den $\sphericalangle\ \delta$ bestimmt. Wir wollen an Hand einer Zeichnung den einfachen geometrischen Zusammenhang zwischen α und δ und der Lage von M noch näher erläutern, weil er in ähnlicher Weise auch bei den anderen charakteristischen Kreispunkten wiederkehrt und deshalb für die Konstruktion des Admittanzendiagrammes von großer Bedeutung ist.

Machen wir in Fig. 16 die Mittelpunktskoordinaten des Mittelpunktskreises gleich X_M bzw. Y_M, den Radius $R_M = \frac{1}{\alpha} \sqrt{A_M^2 + B_M^2}$, die Strecken

$$\overline{O_M L} = \overline{O_M L'} = \frac{1}{\alpha} B_m$$

$$\overline{O_M Q} = \overline{L M} = \overline{L' M'} = \frac{1}{\alpha} A_M$$

also

$$\operatorname{tg} \Psi = \frac{B_M}{A_M} = \frac{\dfrac{\mu - \sigma}{\mu - 1} \dfrac{r_1}{K_1} - \dfrac{r_3}{K_3}}{\dfrac{\mu - \sigma}{\mu - 1} \dfrac{r_3}{K_3} + \dfrac{r_1}{K_1}}$$

so lassen sich die auf den Koordinatenanfangspunkt O_M reduzierten Mittelpunktskoordinaten des Admittanzendiagrammes für einen beliebigen $\sphericalangle\ \delta$ auch schreiben:

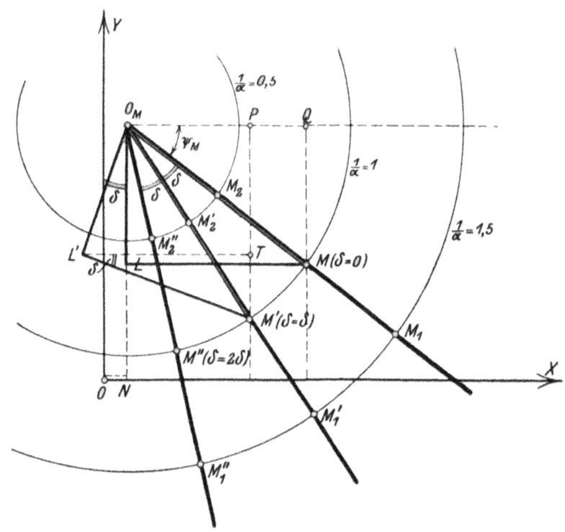

Fig. 16. Mittelpunktskreise bei $\frac{1}{\alpha} = 0{,}5 - 1{,}0 - 1{,}5$

$$y_m - Y_M = \overline{PM'} = \overline{O_M L'} \cdot \cos \delta + \overline{L'M'} \sin \delta$$
$$= \frac{1}{\alpha} (B_M \cos \delta + A_m \sin \delta)$$

$$x_m - X_M = \overline{O_M P} = \overline{L'M'} \cos \delta - \overline{O_M L'} \sin \delta$$
$$= \frac{1}{\alpha} (A_M \sin \delta - B_M \cos \delta)$$

Das heißt, die Figur ist die graphische Interpretation der Gleichung 16 und zeigt recht deutlich, wie einfach sich die Mittelpunkte der Admittanzenkreise für verschiedene Erregerspannungen konstruieren lassen:

„Die Punkte M liegen auf einem Strahlenbüschel mit dem Strahlenzentrum O_M; der Winkel zwischen den einzelnen Strahlen dieses Büschels und dem für $\delta = 0$ geltenden, durch die Konstanten des Motors festgelegten Anfangsstrahl ist gleich dem Phasenverschiebungswinkel (δ^0) zwischen dem Vektor der Erreger- und Netzspannung. Die Entfernung der Punkte M vom Strahlenzentrum ist der absoluten Größe der Erregerspannung proportional."

Dieselbe Beziehung bleibt natürlich für den Fall bestehen, daß $K_{13} = 0$ wird, nur vereinfachen sich dann die Werte für Mittelpunktsokoordinaten und den Radius des Mittelpunktskreises und ebenso auch für die Tangente des Neigungswinkels des Anfangsstrahles ganz erheblich; wir erhalten nämlich:

$$X_M = 0$$

$$Y_M = \frac{\Delta_1}{2 r_1}$$

$$R_M = \frac{1}{\alpha}\cdot\frac{\Delta_1}{2 r_I}\,\frac{K_I}{C_I}\cdot\frac{C_{32}}{K_3}\cdot\sqrt{\frac{1+\frac{r_I^2}{K_I^2}}{1+\frac{r_3^2}{K_3^2}}} \quad \ldots\ldots \quad 18\,a)$$

$$\mathrm{tg}\,\psi_M = \frac{1-\frac{r_I}{K_I}\,\frac{r_3}{K_3}}{\frac{r_I}{K_I}+\frac{r_3}{K_3}}$$

Die Punkte der unendlichen Tourenzahl und die Stillstandspunkte befolgen dieselbe Gesetzmäßigkeit wie die Mittelpunkte der Admittanzendiagramme: auch sie wandern auf Kreisen, deren Radien der absoluten Größe der Erregerspannung proportional sind und liegen auf Strahlenbüscheln, deren Strahlen mit dem durch die Konstanten des Motors bestimmten Anfangsstrahl den $\sphericalangle\ \delta$ einschließen. Das läßt sich ohne weiteres aus den Koordinatengleichungen der betreffenden charakteristischen Kreispunkte entnehmen, denn diese lassen sich in derselben Grundform schreiben, wie wir sie für die Mittelpunktskoordinaten abgeleitet haben.

Für die Punkte U gilt beispielsweise nach Gleichung 9 und 10 die Beziehung:

$$\left.\begin{aligned} x_u &= \frac{1}{\alpha}\,(A_u \sin\delta + B_u \cos\delta) \\ y_u &= \frac{1}{\alpha}\,(A_u \cos\delta - B_u \sin\delta) \end{aligned}\right\} \quad \ldots\ldots\ldots\ldots \quad 19)$$

wobei die Konstanten A_u und B_u die Werte haben:

$$\left.\begin{aligned} A_u &= \frac{\Delta_1}{C_I}\cdot\frac{C_{32}}{K_3}\cdot\frac{\frac{r_3}{K_3}}{\mu^2+\frac{r_3^2}{K_3^2}} \\ B_u &= \frac{\Delta_1}{C_I}\cdot\frac{C_{32}}{K_3}\cdot\frac{\mu}{\mu^2+\frac{r_3^2}{K_3^2}} \end{aligned}\right\} \quad \ldots\ldots\ldots\ldots \quad 20)$$

Wir haben hier also wieder in Parameterdarstellung die Gleichung der Kreise vor uns, auf denen die Punkte der unendlichen Tourenzahl liegen (Unendlichkeitskreise).

Der Mittelpunkt dieser Kreise fällt mit dem Koordinatenanfangspunkt zusammen; der Radius ist gegeben durch die Beziehung:

$$R_u = \frac{1}{\alpha}\cdot\sqrt{A^2+B^2} = \frac{1}{\alpha}\cdot\frac{\Delta_1}{C_1}\cdot\frac{C_{32}}{K_3}\cdot\frac{1}{\sqrt{\mu^2+\frac{r_3^2}{K_3}}} \quad \ldots\ldots \quad 21)$$

und der Anfangsstrahl wird durch die einfache Bedingungsgleichung festgelegt:

$$\mathrm{tg}\,\Psi_u = \frac{\frac{r_3}{K_3}}{\mu}$$

Bei $K_{I3} = 0$ vereinfachen sich diese Beziehungen zu:

$$R_u = \frac{1}{\alpha}\cdot\frac{\Delta_1}{C_1}\cdot\frac{C_{32}}{K_3}\,\frac{1}{\sqrt{1+\frac{r_3^2}{K_3^2}}},\quad \mathrm{tg}\,\Psi_u = \frac{r_3}{K_3} \quad \ldots\ldots \quad 21a)$$

Die Parameterdarstellung der Stillstandskreise, wie wir die Kreise bezeichnen wollen, auf denen die Punkte des Stillstandes K liegen, läßt sich aus den Gleichungen 7 und 8 ohne weiteres ablesen, sie lautet:

$$\left.\begin{aligned}(x_K - X_K) &= \frac{1}{\alpha}(A_K \cos\delta - B_K \sin\delta)\\ (y_K - Y_K) &= -\frac{1}{\alpha}(A_K \sin\delta + B_K \cos\delta)\end{aligned}\right\} \quad \ldots\ldots \quad 22)$$

Dabei haben die Mittelpunktskoordinaten der Stillstandskreise die Werte:

$$\left.\begin{aligned}X_K &= \frac{\Delta_1}{K_I}\cdot\left(1+\frac{r_3^2}{K_3^2}\right)\cdot\frac{\frac{r_I}{K_I}\left(1+\frac{r_3^2}{K_3^2}\right)-(1-\sigma)}{\left[\frac{r_I}{K_I}\cdot\left(1+\frac{r_3^2}{K_3^2}\right)+\frac{r_3}{K_3}(1-\sigma)\right]^2+\left[\frac{r_3^2}{K_3^2}+\sigma\right]^2}\\ Y_K &= \frac{\Delta_1}{K_I}\cdot\left(1+\frac{r_3^2}{K_3^2}\right)\cdot\frac{\frac{r_I}{K_I}\left(1+\frac{r_3^2}{K_3^2}\right)+\frac{r_3}{K_3}(1-\sigma)}{\left[\frac{r_I}{K_1}\left(1+\frac{r_3^2}{K_3^2}\right)+\frac{r_3}{K_3}(1-\sigma)\right]^2+\left[\frac{r_3^2}{K_3^2}+\sigma\right]^2}\end{aligned}\right\} \quad 23)$$

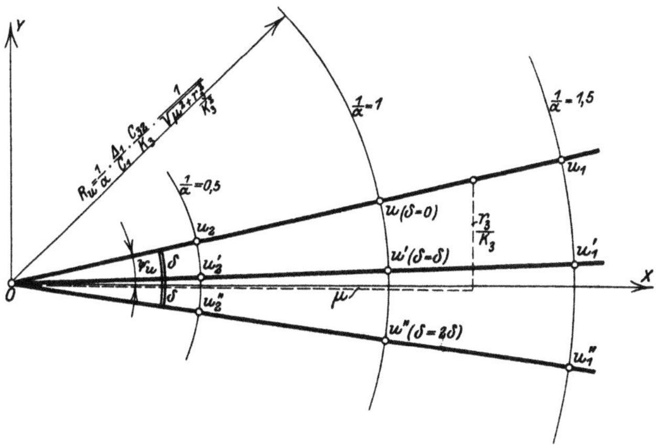

Fig. 17. Unendlichkreise bei $\frac{1}{a} = 0{,}5 - 1{,}0 - 1{,}5$.

und die Konstanten A_K und B_K sind definiert durch die Gleichungen:

$$\left.\begin{aligned}A_K &= \frac{\Delta_1}{K_I}\cdot\left(1+\frac{r_3^2}{K_3^2}\right)\cdot\frac{K_{3I}}{K_3}\cdot\frac{\frac{r_I}{K_I}\cdot\frac{r_3}{K_3}-\sigma}{\left[\frac{r_I}{K_I}\left(1+\frac{r_3^2}{K_3^2}\right)+\frac{r_3}{K_3}(1-\sigma)\right]^2+\left[\frac{r_3^2}{K_3^2}+\sigma\right]^2}\\ B_K &= \frac{\Delta_1}{K_I}\cdot\left(1+\frac{r_3^2}{K_3^2}\right)\cdot\frac{K_{3I}}{K_3}\cdot\frac{\frac{r_I}{K_I}+\frac{r_3}{K_3}}{\left[\frac{r_I}{K_I}\left(1+\frac{r_3^2}{K_3^2}\right)+\frac{r_3}{K_3}(1-\sigma)\right]^2+\left[\frac{r_3^2}{K_3^2}+\sigma\right]^2}\end{aligned}\right\} \quad 24)$$

Der Radius des Stillstandskreises berechnet sich demnach zu:

$$R_K = \frac{1}{\alpha}\cdot\frac{\Delta_1}{K_I}\cdot\frac{K_{3I}}{K_3}\left(1+\frac{r_3^2}{K_3^2}\right)\cdot\frac{\sqrt{\left(\frac{r_I}{K_I}+\frac{r_3}{K_3}\right)^2+\left(\frac{r_I}{K_I}\,\frac{r_3}{K_3}-\sigma\right)^2}}{\left[\frac{r_I}{K_I}\left(1+\frac{r_3^2}{K_3^2}\right)+\frac{r_3}{K_3}(1-\sigma)\right]^2+\left[\frac{r_3^2}{K_3^2}+\sigma\right]^2} \quad 25)$$

und die Tangente des Anfangsstrahles beträgt

$$\operatorname{tg}\Psi_K = -\frac{B_K}{A_K} = -\frac{\dfrac{r_I}{K_I} + \dfrac{r_3}{K_3}}{\dfrac{r_I}{K_I}\cdot\dfrac{r_3}{K_3} - \sigma}$$

(vgl. Fig. 17a).

Verschwindet die Wechselinduktion zwischen Erregerwicklung und Wicklung I, so wird der Stillstandspunkt von der Größe und Phase der Erregerspannung unabhängig (vgl. Gleichung 7a und 8a); in diesem Falle schneiden sich also alle für die verschiedenen Werte der Erregerspannung gezeichneten Admittanzendiagramme in dem einen gemeinsamen Punkte K.

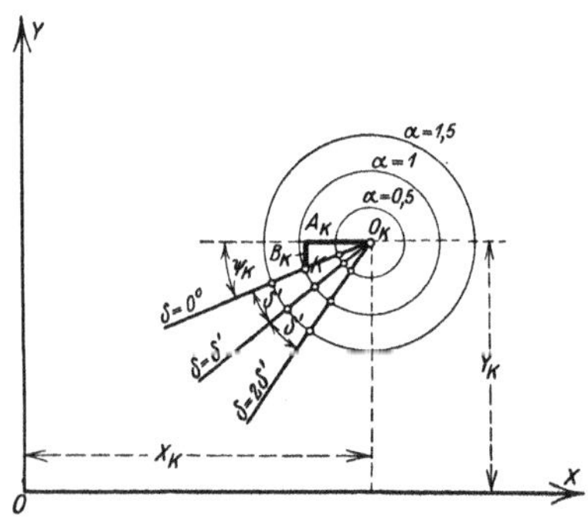

Fig. 17a. Stillstandskreise für verschiedene Werte von α.

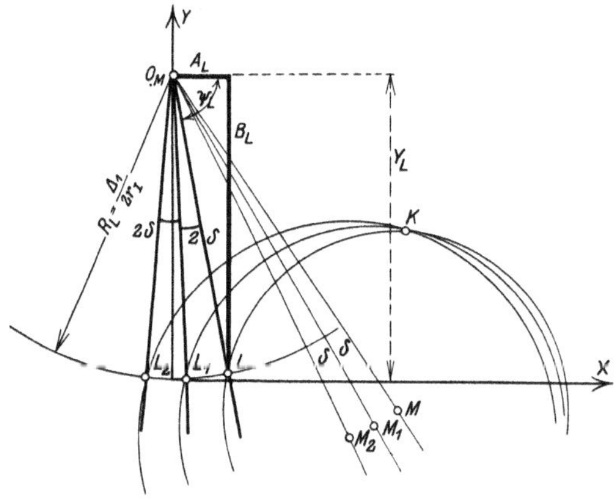

Fig. 18. Abhängigkeit der Lage des Leerlaufpunktes von δ bei $K_{I3} = 0$.

Um den Punkt des vollkommenen Leerlaufes (L) zu erhalten, genügt die Kenntnis der Tangente des $\sphericalangle\ \varphi_L$ (Gleichung 14 und 15), da durch die Mittelpunktskoordinaten und die Koordinaten der Punkte U und K das Admittanzendiagramm schon völlig bestimmt ist. Der Vollständigkeit wegen wollen wir an dieser Stelle jedoch noch eine recht einfache Beziehung für die Abhängigkeit des Leerlaufpunktes von der Erregerspannung erwähnen, die für den Fall gilt, daß $K_{I3} = 0$. Die Koordinaten des Leerlaufpunktes lassen sich dann nämlich in der Form schreiben:

$$\left.\begin{aligned} x_L &= A_L \cos 2\delta - B_L \sin 2\delta \\ (y_L - Y_L) &= -(A_L \sin 2\delta + B_L \cos 2\delta) \end{aligned}\right\} \quad \ldots\ldots\ldots \quad 26)$$

wobei

$$Y_L = \frac{\Delta_1}{2\, r_I}$$

$$A_L = \frac{\Delta_1}{r_I}\cdot\frac{r_3}{K_3}\cdot\frac{1}{1 + \dfrac{r_3^2}{K_3^2}}$$

$$B_L = \frac{\Delta_1}{r_I}\cdot\frac{\dfrac{1}{2}\left(1 - \dfrac{r_3^2}{K_3^2}\right)}{1 + \dfrac{r_3^2}{K_3^2}}$$

Nach dem Früheren können wir diese Gleichung dahin deuten:

Die Leerlaufpunkte liegen auf einem Kreise durch den Koordinatenanfangspunkt [Leerlaufspunktkreis], dessen Mittelpunkt auf der Koordinatenachse liegt, und dessen

Radius $R_L = \frac{\Delta_1}{2 r_I}$ von der Erregerspannung unabhängig ist. Auf diesem Kreise wird die Lage der Leerlaufpunkte durch ein Strahlenbüschel fixiert, dessen Zentrum der Kreismittelpunkt ist, und dessen Strahlen mit dem für $\delta = 0$ geltenden durch den $\sphericalangle\ \psi_L$ festgelegten Anfangsstrahl den Winkel $2\,\delta$ einschließen. Die Tangente des $\sphericalangle\ \psi_L$ ist gegeben durch die Beziehung:

$$\operatorname{tg} \psi_L = \frac{\frac{1}{2}\left(1 - \frac{r_3^2}{K_3^2}\right)}{\frac{r_3}{K_3}} = \frac{B_L}{A_L}$$

(vgl. Fig. 18).

Mit Hilfe der abgeleiteten analytischen Abhängigkeit der Lage der charakteristischen Kreispunkte von der Größe und Phase der Erregerspannung können wir nunmehr durch

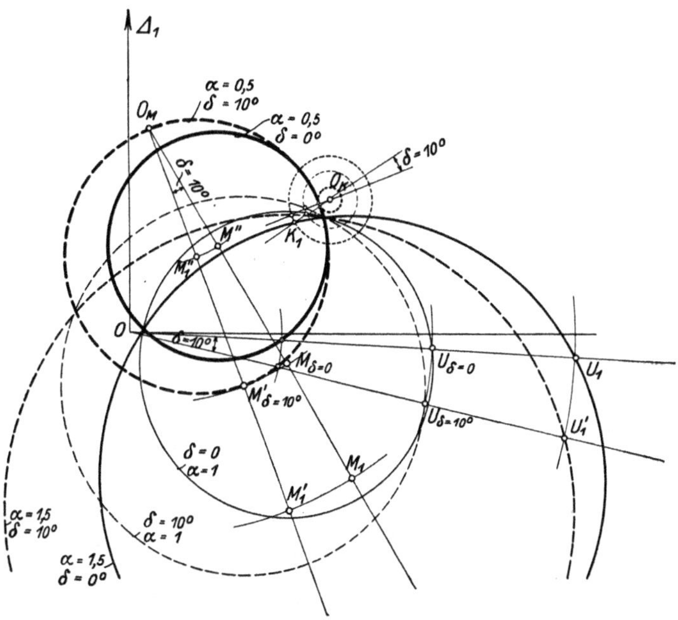

Fig. 19. Arbeitsstromdiagramme bei $K_{13} > 0$ für $\frac{1}{\alpha} = 1 - 1{,}5 - 0{,}5$ $\delta = 0^0$ und 10^0.

einfache geometrische Konstruktion aus dem für $\alpha = 1$, $\delta = 0$ geltenden Admittanzendiagramm die entsprechenden Diagramme für jeden beliebigen Wert von α und δ entwickeln. Wir haben die Konstruktion in Fig. 19 bis 21 für folgende Fälle durchgeführt:

1. $K_{13} > 0$ (Fig. 19) Anker stark überkompensiert.
2. $K_{13} < 0$ (Fig. 20) Anker stark unterkompensiert.
3. $K_{13} = 0$ (Fig. 21) Wechselinduktion zwischen I und 3 gleich 0.

Die Diagramme lassen den Einfluß der Erregerspannung deutlich erkennen; besonders klar tritt die phasenkompensierende Wirkung einer Verdrehung der Erregerspannung gegen die Netzspannung hervor. Schon ein $\sphericalangle\ \delta = 5$ bis 10^0 genügt bei den gewählten Motorkonstanten, um den Leistungsfaktor der Arbeitswicklung ganz erheblich zu verbessern. Den quantitativen Einfluß auf Tourenzahl, Überlastungsfähigkeit und Leistungsfaktor des Motors werden wir später noch an Hand der aus den Kreisdiagrammen abgeleiteten Lineardiagramme näher untersuchen, hier kam es uns mehr darauf an, den einfachen

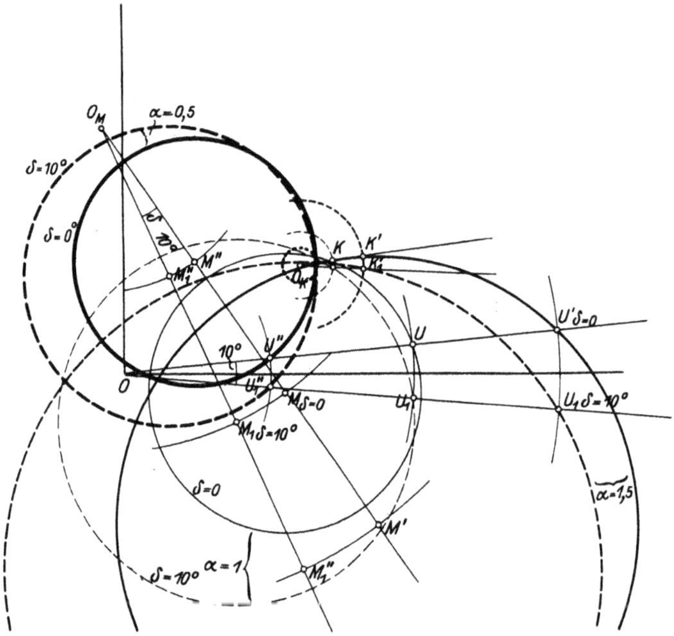

Fig. 20. Arbeitsstromdiagramme bei $K_{13} < 0$ für $\frac{1}{a} = 1 - 1{,}5 - 0{,}5$ und $\delta = 0^0$ und 10^0.

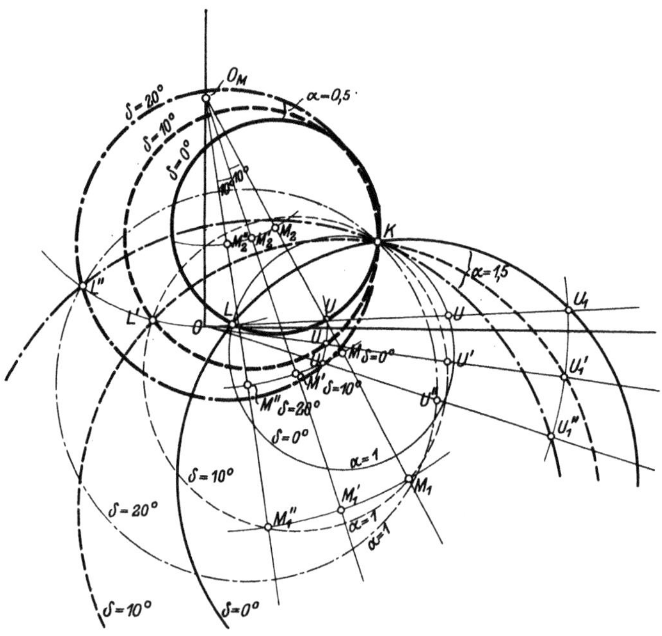

Fig. 21. Arbeitsstromdiagramme bei $K_{13} = 0$ für $\frac{1}{a} = 0{,}5 - 1{,}0 - 1{,}5$ und $\delta = 0^0 - 10^0 - 20^0$.

geometrischen Zusammenhang der für verschiedene Werte von α und δ geltenden Vektordiagramme festzulegen.

Das bisher besprochene Admittanzendiagramm galt lediglich für den Arbeitsstrom J_1; über den Netzstrom, der in den meisten Fällen natürlich für die Beurteilung des Motors maßgebend ist, und über den Magnetisierungsstrom konnte es uns keinen Aufschluß geben. Diese Lücke gilt es jetzt vor allem auszufüllen.

6. Das Netzstromdiagramm. Der Netzstrom J_N setzt sich zusammen aus dem Arbeitsstrome J_1 und dem auf das Primärnetz (vgl. Fig. 8) reduzierten Erregerstrome $J_{3N} = \frac{1}{\alpha} J_3 (\cos\delta - j\sin\delta)$ [1], der sich nach Gleichung 2b (S. 18) auch schreiben läßt:

$$\dot{J}_{3N} = \frac{1}{\alpha}\dot{J}_3(\cos\delta - j\sin\delta) \doteq \left[\frac{1}{\alpha}\dot{\Delta}_3\frac{r_3 + j K_3}{r_3^2 + K_3^2} - \frac{1}{\alpha}\dot{J}_1 K_{13}\frac{K_3 - j r_3}{r_3^2 + K_3^2}\right](\cos\delta - j\sin\delta)$$

oder:

$$\dot{J}_{3N} = \dot{J}_{3m} - \frac{1}{\alpha}\dot{J}_1 K_{13}\frac{K_3 - j r_3}{r_3^2 + K_3^2}(\cos\delta - j\sin\delta) \quad \ldots\ldots \quad 27)$$

wenn wir für den Wert, in den J_{3N} bei $K_{13} = 0$ übergeht, die Substitution einführen:

$$\dot{J}_{3m} = \frac{1}{\alpha}\Delta_3\frac{r_3 + j K_3}{r_3^2 + K_3^2}(\cos\delta - j\sin\delta) = \frac{1}{\alpha^2}\cdot\dot{\Delta}_1\frac{r_3 + j K_3}{r_3^2 + K_3^2} \quad \ldots \quad 27a)$$

Für den Netzstrom erhalten wir somit die Beziehung:

$$\dot{J}_N = \dot{J}_1 + \dot{J}_{3N} = \dot{J}_{3m} + \dot{J}_1\left[1 - \frac{1}{\alpha}K_{13}\frac{K_3 - j r_3}{r_3^2 + K_3^2}(\cos\delta - j\sin\delta)\right]$$

oder wenn wir den Klammerwert auf gemeinsamen Nenner bringen, Zähler und Nenner durch $(K_3 - j r_3)$ dividieren und dann den Klammerwert als gemeinschaftlichen Faktor ausscheiden:

$$\dot{J}_N = \frac{\left(K_3 - \frac{1}{\alpha}K_{13}\cos\delta\right) + j\left(r_3 + \frac{1}{\alpha}K_{13}\sin\delta\right)}{K_3 + j r_3}\left[\dot{J}_1 + \dot{J}_{3m}\frac{K_3 + j r_3}{\left(K_3 - \frac{1}{\alpha}K_{13}\cos\delta\right) + j\left(r_3 + \frac{1}{\alpha}K_{13}\sin\delta\right)}\right] \quad \ldots \quad 28)$$

In diese Gleichung, die schon die Lösung der gestellten Aufgabe enthält, wollen wir noch folgende abkürzende Bezeichnungen einführen:

1. Der Absolutwert des komplexen gemeinschaftlichen Faktors, der die Rolle eines Maßstabsfaktors spielt, sei:

$$f = \sqrt{\frac{\left(K_3 - \frac{1}{\alpha}K_{13}\cos\delta\right)^2 + \left(r_3 + \frac{1}{\alpha}K_{13}\sin\delta\right)^2}{K_3^2 + r_3^2}} \quad \ldots\ldots \quad 29)$$

2. Der reduzierte Magnetisierungsstrom $\dot{J}_{3'm}$ bezeichne einen Vektor vom Betrage J_{3m}, der jedoch dem Vektor $\dot{J}_{3m}$ um einen $\sphericalangle\ \psi$ voreilt. Die Tangente dieses Winkels ergibt sich nach Gleichung 28 und Fig. 22 zu:

$$\operatorname{tg}\Psi = \operatorname{tg}(\alpha - \beta) = \frac{\frac{1}{\alpha}K_{13}(K_3\sin\delta + r_3\cos\delta)}{(r_3^2 + K_3^2) + \frac{1}{\alpha}K_{13}(r_3\sin\delta - K_3\cos\delta)}$$

---

[1]) Dabei ist der Magnetisierungsstrom und die inneren Spannungsabfälle des der Erregerwicklung vorgeschalteten Transformators oder Potentialreglers vernachlässigt.

wobei

$$\operatorname{tg} \alpha = \frac{r_3 + \frac{1}{\alpha} K_{I3} \sin \delta}{K_3 - \frac{1}{\alpha} K_{I3} \cos \delta}$$

und

$$\operatorname{tg} \beta = \frac{r_3}{K_3}.$$

Mit diesen Substitutionen schreibt sich der Absolutwert des Netzstromes

$$|J_N| = \left| f \left[\dot{J}_1 + \frac{1}{f} \dot{J}'_{3m} \right] \right| . \quad . \quad . \quad . \quad . \quad . \quad . \quad . \quad . \quad . \quad . \quad 30)$$

Das heißt, der Absolutwert des Netzstromes läßt sich als geometrische Summe aus dem Arbeitsstrom $\overline{OP}$ und dem konstanten Vektor $\overline{O'O} = 1/f \cdot \dot{J}_3{}'_m$ dem Arbeitsstromdiagramm als Strecke O′ P (vgl. Fig. 23) entnehmen. Da nach Gleichung 28 der Netzstromvektor gegen den Vektor $\dot{\overline{O'P}}$ um den $\sphericalangle\, \psi$ nacheilt, müssen wir, um J_N der Phase nach richtig zu erhalten, das neue für den Netzstrom gültige Koordinatensystem (X′ Y′) gegen die Arbeitsstrom-Koordinatenachsen um den $\sphericalangle\, \psi$ im Sinne einer Voreilung verdrehen.

In ganz ähnlicher Weise kann das Diagramm des Erregerstromes

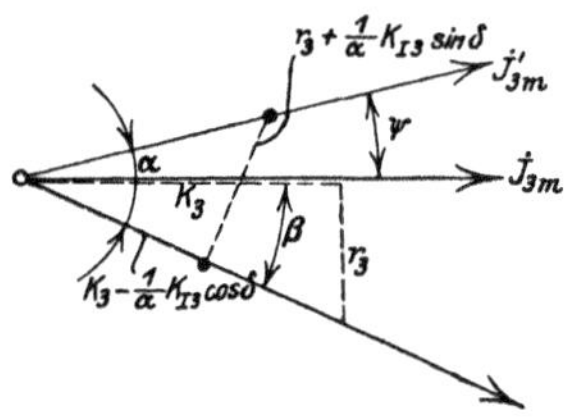

Fig. 22.

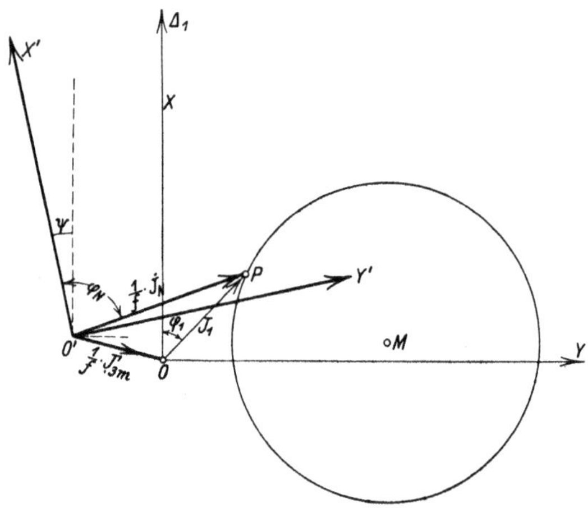

Fig. 23. Netzstromdiagramm.

aus dem Arbeitsstromdiagramm abgeleitet werden. In den meisten Fällen wird es aber einfacher sein, J_3 als geometrische Differenz von Netz- und Arbeitsstrom zu konstruieren, und aus diesem Grunde wollen wir auf die Darstellung des Erregerstromes in einem besonderen Kreisdiagramm verzichten.

Es mag noch darauf hingewiesen werden, daß bei $K_{I3} = 0$

$$\dot{J}_{3m} = \dot{J}_{3N}$$
$$f = 0$$
$$\psi = 0$$

so daß sich Gleichung 28 zu der Form vereinfacht:

$$\dot{J}_N = \dot{J}_1 + \dot{J}_{3m} . \quad . \quad . \quad . \quad . \quad . \quad . \quad . \quad . \quad . \quad . \quad . \quad . \quad 28\text{a})$$

7. Die charakteristischen Geraden im Kreisdiagramm. Das Admittanzendiagramm eines Motors hat nur dann einen wirklich praktischen Wert, wenn es neben den in Frage kommenden Stromvektoren auch die Leistungsgrößen des Motors, vor allem also Tourenzahl, Drehmoment und mechanische Leistung in einfacher Weise zur Darstellung bringt.

Ossanna hat zuerst gezeigt, wie sich mit Hilfe einiger charakteristischen Geraden die obigen Größen dem Kreisdiagramm des Mehrphasen-Induktionsmotors ohne weiteres entnehmen lassen. Wir wollen untersuchen ob in dem Diagramm des von uns behandelten DKNM. mit getrennter Erreger- und Kompensationswicklung in ähnlicher Weise Tourenzahl (n), Drehmoment (D mkg) und mechanische Leistung (W_{2m} Watt) dargestellt werden können.

a) Die Gerade der mechanischen Leistung: Die vom Anker entwickelte mechanische Leistung (pro Phase $= \frac{1}{3} W_{2m}$ Watt) läßt sich bei Vernachlässigung der Eisenverluste formulieren:

$$W_{2m} = W_N - 3\,(J_1^2 r_I + J_3^2 r_3).$$

Dabei setzt sich die vom Netz zugeführte Leistung entsprechend den beiden ans Netz angeschlossenen Wicklungen aus 2 Teilen zusammen:

$$W_N = 3\,(\dot{\Delta} \cdot \dot{J}_1 + \dot{\Delta}_3 \cdot \dot{J}_3).$$

Führen wir in diese Gleichung für Δ_3 den Wert aus der 2. Grundgleichung ein und weiter für J_3 den früher berechneten Wert

$$\dot{J}_3 = \frac{1}{\alpha}\dot{\Delta}_1 \frac{c + j\,b}{r_3^2 + K_3^2} - \dot{J}_1 K_{13} \frac{K_3 - j\,r_3}{r_3^2 + K_3^2}$$

(vgl. Gleichung 2b), so erhalten wir bei Auswertung der Vektorprodukte:

$$\begin{aligned}\frac{1}{3} W_{2m} &= \Delta_1 y + J_3^2 r_3 + K_{13}\,\dot{J}_3 \cdot (-j\,\dot{J}_1) - (J_1^2 r_I + J_3^2 r_3)\\ &= \Delta_1 y + K_{13}\left[\frac{1}{\alpha}\Delta_1 \frac{-b\,y + c\,x}{r_3^2 + K_3^2} + J_1^2 \frac{r_3 K_{13}}{r_3^2 + K_3^2}\right] - J_1^2 r_I\end{aligned}$$

Drücken wir nunmehr $J_1^2 = x^2 + y^2$ nach der Kreisgleichung (4) durch x_m und y_m aus, so geht der obige Ausdruck über in

$$\begin{aligned}\frac{1}{3} W_{2m} = y &\left[\Delta_1 - \frac{1}{\alpha}\Delta_1 \frac{b\,K_{13}}{r_3^2 + K_3^2} + 2\,y_m\left(r_3 \frac{K_{13}^2}{r_3^2 + K_3^2} - r_I\right)\right]\\ &+ x\left[2\,x_m\left(r_3 \frac{K_{13}^2}{r_3^2 + K_3^2} - r_I\right) + \frac{1}{\alpha}\Delta_1 \frac{c\,K_{13}}{r_3^2 + K_3^2}\right] + \text{const}\end{aligned}$$

oder:

$$\begin{aligned}\frac{1}{3} W_{2m} = &\left[\left(\Delta_1 - 2\,y_m r_I\right) - \Delta_3 \frac{\dfrac{K_{13}}{K_3}}{1 + \dfrac{r_3^2}{K_3^2}}\left(\frac{r_3}{K_3}\sin\delta + \cos\delta\right)\right.\\ &\left. + 2\,y_m r_3 \frac{\left(\dfrac{K_{13}}{K_3}\right)^2}{1 + \left(\dfrac{r_3}{K_3}\right)^2}\right] \cdot (y - x \cdot A_W + C_W) \quad \ldots\ldots\ldots \quad 31)\end{aligned}$$

also:

$$W_{2m} = f_W \cdot \overline{P\,A}.$$

Gemäß dieser Gleichung läßt sich die mechanische Leistung im Kreisdiagramm darstellen als der senkrecht zur Abszissenachse gemessene Abstand $\overline{P\,A}$ (Fig. 24) zwischen der Kreisperipherie und einer durch die Gleichung: $z = A_w\,x - C_w$ gegebenen Geraden; und da für die Schnittpunkte dieser Geraden mit dem Kreise die Strecke $\overline{P\,A}$, also auch W_{2m} zu 0 wird, so können diese Schnittpunkte nichts anderes sein als die bereits bekannten Punkte des Stillstandes und des vollkommenen Leerlaufes.

Der Maßstabsfaktor der W_{2m}-Geraden

$$f_{w_{2m}} = 3\left[(\Delta_1 - 2\,y_m \cdot r_1) - \Delta_3 \cdot \frac{\dfrac{K_{13}}{K_3}}{1+\left(\dfrac{r_3}{K_3}\right)^2}\left(\frac{r_3}{K_3}\sin\delta + \cos\delta\right)\right.$$

$$\left. + 2\,y_m\,r_3\,\frac{\left(\dfrac{K_{13}}{K_3}\right)^2}{1+\left(\dfrac{r_3}{K_3}\right)^2}\right] \quad \ldots\ldots\ldots\ldots \quad 32)$$

hat die Dimension einer Spannung, ergibt also bei Multiplikation mit der Strecke $\overline{PA}$, die wie alle Größen im Kreisdiagramm in Ampere gemessen wird, eine Leistung in Watt.

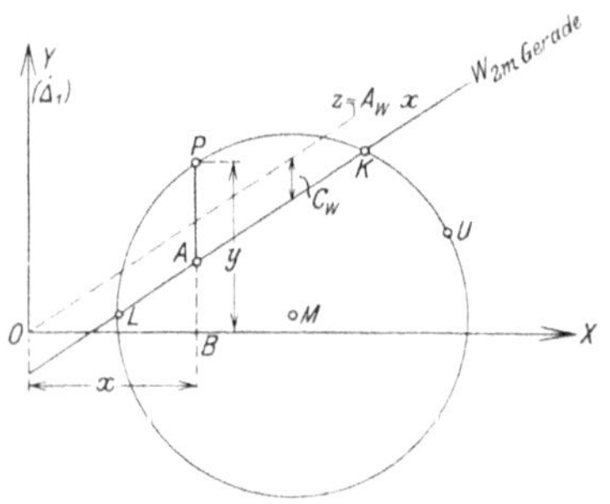

Fig. 24. Darstellung der mechanischen Leistung im Kreisdiagramm.

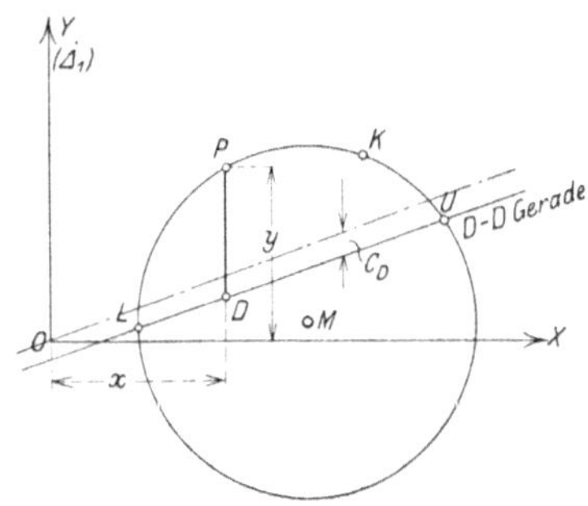

Fig. 25. Darstellung des Drehmomentes im Kreisdiagramm.

b) Die Drehmomenten-Gerade. Der Beweis für die Darstellbarkeit des Drehmomentes ($^1/_3$ D mkg pro Phase) mit Hilfe einer Drehmomentengeraden, die naturgemäß durch den Leerlaufpunkt (L) und den Punkt der unendlichen Tourenzahl (U) gehen muß, läßt sich in ganz analoger Weise führen.

Berechnen wir das Vektorprodukt $\dot{J}_1 \cdot \dot{\Delta}_1$ aus der 1. Grundgleichung und führen für $\dot{J}_3 \cdot \dot{\Delta}_3$ den schon oben angegebenen Wert ein, so können wir die Nutzleistung pro Phase auch schreiben:

$$\frac{1}{3}W_N = \left[J_1^2 \cdot r_1 + \dot{J}_1(-j\,\dot{J}_3)\left(K_{31} + \frac{v_m}{v}C_{32}\right)\right] + \left[J_3^2 \cdot r_3 + K_{13} \cdot \dot{J}_3(-j\,\dot{J}_1)\right]$$

oder da

$$\dot{J}_1 \cdot (-j\,\dot{J}_3) = \Delta_3 \frac{b\,y - c\,x}{r_3^2 + K_3^2} + J_1^2\,r_3\,\frac{K_{13}}{r_3^2 + K_3^2}$$

$$\frac{1}{3}W_N = J_1^2 \cdot r_1 + J_3^2 \cdot r_2 + \frac{v_m}{v} \cdot \frac{C_{32}}{r_3^2 + K_3^2}\left[\Delta_3(b\,y - c\,x) + J_1^2\,r_3\,K_{13}.\right]$$

Für W_{2m} gilt somit die Beziehung:

$$\frac{1}{3}W_{2m} = \frac{v_m}{v} \cdot \frac{C_{32}}{r_3^2 + K_3^2}\left[\Delta_3(b\,y - c\,x) + (x^2 + y^2) \cdot r_3\,K_{13}\right].$$

Drücken wir wieder $(x^2 + y^2)$ durch die Mittelpunktskoordinaten aus, so erhalten wir:

$$\frac{1}{3}W_{2m} = \frac{v_m}{v} \cdot \left[y\left(\Delta_3 \frac{b \cdot C_{32}}{r_3^2 + K_3^2} + 2\,y_m\,r_3\,\frac{K_{13} \cdot C_{32}}{r_3^2 + K_3^2}\right)\right.$$

$$\left. - x\left(\Delta_3 \cdot \frac{c \cdot C_{32}}{r_3^2 + K_3^2} - 2\,x_m \cdot r_3\,\frac{K_{13} \cdot C_{32}}{r_3^2 + K_3^2}\right) + \text{const}\right].$$

Daraus folgt schließlich das Drehmoment in mkg

$$\frac{1}{3} D\,\text{mkg} = \frac{C_{32}}{1+\frac{r_3^2}{K_3^2}} \cdot \left[\frac{\Delta_3}{K_3}\left(\frac{r_3}{K_3}\sin\delta + \cos\delta\right) + 2\, y_m \frac{r_3}{K_3}\,\frac{K_{13}}{K_3}\right] \cdot \frac{y - x A_D + C_D}{9{,}81 \cdot 2\pi \cdot \frac{n_s}{60}} \qquad 33)$$

also

$$D\,\text{mkg} = f_D \cdot \overline{PD}.$$

Der Maßstabsfaktor

$$f_D = \frac{3}{9{,}81 \cdot 2\pi \frac{n_s}{60}} \cdot \frac{C_{32}}{1+\frac{r_3^2}{K_3^2}} \cdot \left[\frac{\Delta_3}{K_3}\left(\frac{r_3}{K_3}\sin\delta + \cos\delta\right) + 2\, y_m \frac{r_3}{K_3}\,\frac{K_{13}}{K_3}\right] \qquad 34)$$

vereinfacht sich bei $K_{13} = 0$ zu:

$$f_D = \frac{3}{9{,}81 \cdot 2 \cdot \pi \cdot \frac{n_s}{60}} \cdot \frac{C_{32}}{1+\frac{r_3^2}{K_3^2}} \cdot \left[\frac{\Delta_3}{K_3}\left(\frac{r_3}{K_3}\sin\delta + \cos\delta\right)\right] \; . \; . \; . \; . \qquad 34a)$$

c) Die Tourengerade. Führen wir in die erste Grundgleichung für J_3 den schon oft benutzten Wert aus Gleichung 2b ein, so erhalten wir:

$$\dot{\Delta}_1 = \dot{J}_1 \left[r_1 - j\left(K_1 - \frac{v_m}{v} C^1\right)\right] = \left[\frac{1}{\alpha}\dot{\Delta}_1 \frac{j c - b}{r_3^2 + K_3^2} - \dot{J}_1 K_{13} \frac{r_3 + j K_3}{r_3^2 + K_3^2}\right] \cdot \left(K_{31} + \frac{v_m}{v} C_{32}\right)$$

oder wenn wir die Glieder der Gleichung nach Δ_1 und J_1 ordnen:

$$\dot{\Delta}_1 \left[\left(1 - \frac{1}{\alpha}\,\frac{K_{31}\cdot b - K_{31}\cdot c}{r_3^2 + K_3^2}\right) - \frac{v_m}{v}\cdot\left(\frac{1}{\alpha} C_{32} \frac{b - j c}{r_3^2 + K_3^2}\right)\right]$$
$$= \dot{J}_1 \left[\left(r_1 - j K_1 + K_{13} K_{31} \frac{r_3 + j K_3}{r_3^2 + K_3^2}\right) + \frac{v_m}{v}\left(j C_1 + C_{32} K_{13} \frac{r_3 + j K_3}{r_3^2 + K_3^2}\right)\right]$$

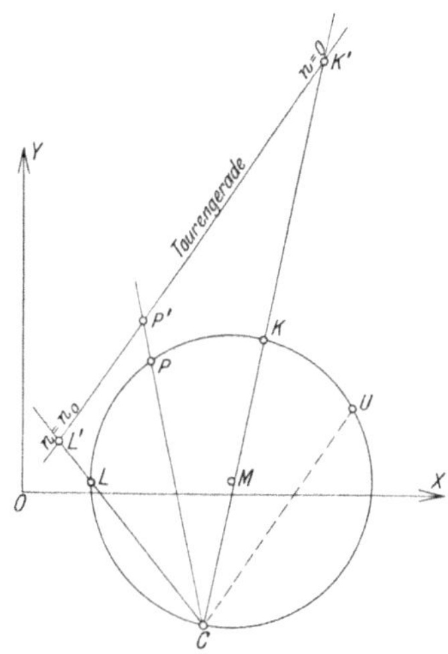

Fig. 26. Darstellung der Tourenzahl im Kreisdiagramm.

oder auch:

$$\dot{J}_1 = \dot{\Delta}_1 \frac{\mathfrak{A} + \mathfrak{B}\frac{v_m}{v}}{\mathfrak{C} + \mathfrak{D}\frac{v_m}{v}} \; . \; . \; . \; . \; . \; . \; . \; . \; . \; . \; . \; . \qquad 35)$$

wenn wir mit $\mathfrak{A}$, $\mathfrak{B}$, $\mathfrak{C}$, $\mathfrak{D}$ die in obiger Gleichung in runde Klammern zusammengefaßten komplexen Konstanten bezeichnen. Diese Gleichungsform ist dem mit den Gesetzen der Vektorrechnung Vertrauten wohl bekannt, sie stellt nämlich die allgemeinste Vektorgleichung eines Kreises in Parameterform dar und ist so nur ein anderer Ausdruck des schon abgeleiteten Admittanzendiagrammes. Für uns ist wichtig, daß als Parameter der Grad des Übersynchronismus $\frac{v_m}{v}$ bzw. die Tourenzahl auftritt. Daraus folgt nämlich durch eine einfache Kette von Schlußfolgerungen, die wir hier überschlagen wollen, daß unser Admittanzendiagramm wirklich eine Tourengerade besitzt, d. i. eine Gerade, auf welcher die von einem Projektionszentrum bestimmter Lage nach den Belastungspunkten gezogenen Strahlen Strecken proportional den Tourenzahlen abschneiden.

Die Tourengerade selbst kann man ganz willkürlich annehmen, die Parallele durch den Punkt der unendlichen Tourenzahl schneidet dann den Kreis im gesuchten Projektionszentrum c (Fig. 26). Zieht man durch diesen die Strahlen nach den Punkten des Leerlaufes (L) und des Stillstandes (K), die auf der Tourengeraden die Strecke $L'K' = \text{const} \cdot n_0$ (n_0 Leerlauftourenzahl, vgl. Gleichung 13) abschneiden, so folgt die Tourenzahl n für jeden anderen Belastungspunkt P zu

$$n = n_0 \cdot \frac{K'P'}{K'L'}.$$

8. Zahlenbeispiel. Mit den Ausführungen der vorigen Abschnitte ist das Verhalten des DKNM. mit getrennter Erreger- und Kompensationswicklung theoretisch erschöpfend beschrieben. Nur die Kommutierungsvorgänge sind absichtlich übergangen worden, weil sich in dieser Hinsicht der behandelte Motor von den übrigen Drehfeld-Kommutator-Maschinen nicht unterscheidet. Hingegen würde es sicher als Lücke empfunden werden, wenn wir die Verwendbarkeit der vielen in Formeln und Diagramme gefaßten Beziehungen nicht durch ein Zahlenbeispiel beweisen würden. Auf diese Weise wird es uns auch möglich sein, den Einfluß der Größen klar zu überschauen, deren Wahl beim Entwurf des Motors und seines Regulierapparates in unsere Hand gegeben ist, das ist vor allem der Wert von K_{I3} und von δ.

Drei 8 polige Motoren, die sich im wesentlichen nur durch die Stärke der Über- oder Unterkompensation des Ankers ($K_{I3} = 0$; $K_{I3} > 0$; $K_{I3} < 0$) voneinander unterscheiden, sollen verglichen werden; ihre Konstanten seien:

	Motor I ($K_{I3} = 0$)	Motor II ($K_{I3} > 0$) Anker überkompensiert	Motor III ($K_{I3} < 0$) Anker unterkompensiert
r_1	0,2	0,2	0,2
k_{11}	10,0	10,0	10,0
σ_1	0,05	0,05	0,05
$k_{1\sigma}$	0,5	0,5	0,5
σ_{13}	0,04	0,04	0,04
r_2	0,3	0,274	0,32
$k_{22} = c_{22}$	10,8	8,836	13,0
σ_2	0,0464	0,0464	0,0464
σ_2'	0,0046	0,0046	0,0046
σ_2''	0,0418	0,0418	0,0418
$k_{2\sigma}$	0,5	0,411	0,60
$c_{2\sigma}''$	0,45	0,370	0,54
$k_{12} = k_{21} = c_{12} = \sqrt{k_{11} \cdot k_{22}}$	10,4	9,4	11,40
r_3	0,63	0,63	0,63
k_{33}	10,0	10,0	10,00
σ_3	0,05	0,05	0,05
$k_{3\sigma}$	0,5	0,5	0,5
σ_{31}	0,04	0,04	0,04
$k_{13\sigma} = k_{31\sigma}$	0,4	0,4	0,4
k_{13}	10,0	10,0	10,0
k_{23}	10,4	9,4	11,4
$r_I = r_1 + r_2$	0,5	0,474	0,52
$K_I = k_{11} + k_{22} - k_{12} - k_{21} + k_{1\sigma} + k_{2\sigma}$	1,0	0,947	1,3
$C_I = c_{22} - c_{12} + c_{2\sigma}''$	0,85	− 0,194	2,14
C_{32}	10,4	9,4	11,4
$K_{I_3} = k_{13} - k_{23} + k_{13\sigma}$	0,0	+ 1,0	− 1,0

Für diese drei Motoren wollen wir die Admittanzendiagramme für die synchrone $\left(\frac{1}{\alpha} = 1\right)$, eine unter- $\left(\frac{1}{\alpha} = 1{,}5\right)$ und eine übersynchrone $\left(\frac{1}{\alpha} = 0{,}65\right)$ Tourenstufe entwerfen, und zwar jedesmal für drei Werte von δ, nämlich:

$$\delta = 0^0; \quad \delta = 5^0; \quad \delta = 10^0.$$

Die zur Konstruktion der sich so ergebenden 27 Kreisdiagramme erforderlichen Größen sind in der folgenden Tabelle zusammengestellt. Die Klemmenspannung der Maschine ist in allen Fällen zu $\Delta_1 = 110$ Volt (pro Phase) bei $v = 50$ Perioden angenommen.

			Motor I ($K_{13} = 0$)			Motor II ($K_{13} > 0$)			Motor III ($K_{13} < 0$)		
			$\delta = 0^0$	$\delta = 5^0$	$\delta = 10^0$	$\delta = 0^0$	$\delta = 5^0$	$\delta = 10^0$	$\delta = 0^0$	$\delta = 5^0$	$\delta = 10^0$
Leerlaufpunkt und Leerlauftourenzahl	$\operatorname{tg} \varphi_L$	$\frac{1}{a} = 0{,}65$	0,06	—0,028	—0,115	0,0503	—0,023	—0,0965	0,073	—0,033	—0,141
		$\frac{1}{a} = 1{,}0$	0,06	—0,028	—0,115	0,0533	—0,0243	—0,1025	0,068	—0,031	—0,131
		$\frac{1}{a} = 1{,}5$	0,06	—0,028	—0,115	0,0553	—0,0252	—0,106	0,065	—0,03	—0,124
	$\frac{v_{m_0}}{v_m}$	$\frac{1}{a} = 0{,}65$	1,625	1,53	1,46	1,672	1,592	1 538	1,605	1,475	1,40
		$\frac{1}{a} = 1{,}0$	0,993	1,02	1,032	0,99	1,02	1,035	0,995	1,02	1,035
		$\frac{1}{a} = 1{,}5$	0,637	0,69	0,73	0,598	0,657	0,696	0,665	0,722	0,76
Drehmomentengerade	f_D	$\frac{1}{a} = 0{,}65$	0,275	0,275	0,273	0,26	0 258	0,256	0,282	0,284	0,285
		$\frac{1}{a} = 1{,}0$	0,423	0,423	0,42	0,377	0,375	0,371	0 468	0,471	0,471
		$\frac{1}{a} = 1{,}5$	0,633	0,633	0,63	0,545	0,542	0,535	0,732	0,736	0,738
W_{2m}-Gerade	$f_{W_{2m}}$	$\frac{1}{a} = 0{,}65$	241,5	252	262	236,6	247,7	256,3	238,6	249,9	260,3
		$\frac{1}{a} = 1{,}0$	372	387	404	340,8	354,7	369,0	399,2	417	431,7
		$\frac{1}{a} = 1{,}5$	555	580	603	487,8	510,5	531	624,2	652,5	672

		Motor I ($K_{13} = 0$)	Motor II ($K_{13} > 0$)	Motor III ($K_{13} < 0$)
Punkt M	x_m ($\delta = 0$; $a = 1$) .	71,5	76,3	66
	y_m ($\delta = 0$; $a = 1$) .	— 14,0	— 15,0	— 13,5
Mittelpunktskreis	X_M	0	7,75	— 7,5
	Y_M	110,0	101,0	123,0
	R_M	143	134,5	153,5
	$\operatorname{tg} \psi'_M$	1,733	1,7	1,845
Punkt U	x_u ($\delta = 0$; $a = 1$) .	128	140,0	112,0
	y_u ($\delta = 0$; $a = 1$) .	7,7	— 2,3	13,7
Unendlichkeitskreis	R_u	128,2	140,3	112,5
	$\operatorname{tg} \psi'_u$	0,06	0,0165	0,122
Punkt K	x_K ($\delta = 0$; $a = 1$).	88,0	89,0	84,2
	y_K ($\delta = 0$; $a = 1$).	44,0	49,2	37,5
Stillstandskreis	X_K	88,0	98,0	76,7
	Y_K	44,0	55,1	33,6
	R_K	0	10,7	8,0
	$\operatorname{tg} \psi'_K$	—	— 0,645	— 0,51

Mit Hilfe dieser Konstanten und der für verschiedene Werte von α und δ geltenden geometrischen Beziehungen wurden für die 3 Motoren die Kreisdiagramme und die sich daraus ergebenden charakteristischen Belastungskurven im Anhang zusammengestellt:

Aus diesen Diagrammen sind die Arbeitseigenschaften des DKNM. mit getrennter Erreger- und Kompensationswicklung, insbesondere die ausgezeichnete Regulierfähigkeit so deutlich zu ersehen, daß es sich erübrigt, auf die einzelnen Kurven noch näher einzugehen, zumal der phasenkompensierende Einfluß der Verschiebung der Erregerspannung gegen die Netzspannung bereits früher mehrfach besprochen wurde. Nur auf einige Punkte möchten wir noch besonders aufmerksam machen.

Wie die Belastungskurven ($n = f(D\,mkg)$) Fig. 31, 38 und 42 des Anhanges zeigen, wird nicht nur mit wachsender Phasenverschiebung δ die Tourencharakteristik aller 3 Motoren stabiler, sondern es steigt auch die Überlastungsfähigkeit ganz beträchtlich. Daß die Leerlauftourenzahl mit wachsender Phasenkompensierung bei der synchronen und den untersynchronen Tourenstufen zunimmt, bei den übersynchronen Stufen dagegen abnimmt, konnte schon aus der Tabelle Seite 39 entnommen werden. Bei größeren Werten von δ, die jedoch beim normalen Betrieb des KM. nicht in Frage kommen, gilt diese Beziehung allerdings nicht mehr, wie sich aus der einfachen Überlegung ergibt, daß bei $\delta = 180^0$, d. h. bei einem Umkehren des Erregerfeldes, der Motor wie jeder Nebenschlußmotor reversieren muß. Wegen der dabei auftretenden schwierigen Kommutierungsbedingungen — der Motor läuft nämlich in diesem Falle entgegen dem Drehsinne seines Feldes — wird von dieser Reversiermöglichkeit nur in seltenen Fällen Gebrauch gemacht; meistens wird zur Umkehrung der Drehrichtung des Motors der Drehfeldsinn der Erregerwicklung und Arbeitswicklung vertauscht. Die Änderung des Drehfeldsinnes nur einer Wicklung, etwa der Erregerwicklung, ist natürlich unzulässig, weil der Motor dadurch außerstande gesetzt wird, ein Drehmoment zu entwickeln.

Was den Einfluß der Stärke der Anker-Unter- oder Überkompensation betrifft, so geben auch hierüber die Kurvenblätter des Anhanges, insbesondere Fig. 31, 38, 42, 43 und 44 vollen Aufschluß. Danach sind die Stabilität und Überlastbarkeit ebenso wie der Leistungsfaktor des Netzes nur in sehr geringem Maße von dem Werte von K_{I3} abhängig, während der $\cos\varphi$ der Arbeitswicklung sehr stark von dem Grade der Ankerkompensation abhängt. Wie erklären sich diese zunächst ganz überraschend erscheinenden Ergebnisse? Gehen wir zurück auf die Vektordiagramme Fig. 12 und 13. Bei $K_{I3} = 0$ ist der Erregerstrom J_3 von dem Arbeitsstrome J_1 unabhängig, und die Phasenverschiebung $\varphi_3{}^0$ zwischen Erregerspannung und Strom ist lediglich durch die Konstanten der Erregerwicklung $\left(\frac{r_3}{K_3}\right)$ bedingt; anders bei $K_{I3} \lesseqgtr 0$. Hier wird $\dot{J}_3$ und φ_3 eine Funktion des Arbeitsstromes (vgl. Gleichung 2b) und zwar wirkt im Motorzustande die Wechselinduktion der Arbeitswicklung auf die Erregerwicklung bei $K_{I3} < 0$ immer im Sinne einer Vergrößerung von φ_3, bei $K_{I3} < 0$ immer im Sinne einer Verkleinerung von φ_3. Da nun eine Änderung von φ_3 in bezug auf die Phasenkompensation der Arbeitswicklung gleichbedeutend mit einer Änderung von δ_3 ist, muß die Größe von K_{I3} also den oben angegebenen Einfluß auf den Leistungsfaktor der Wicklung I haben.

Dagegen ist leicht einzusehen, daß die durch Überkompensation des Ankers hervorgerufene Verbesserung des $\cos\varphi_{\text{Arbeits-Wicklg.}}$ nicht ohne weiteres auch eine Verbesserung des $\cos\varphi_{\text{Netz}}$ zu bedeuten hat; denn die Vergrößerung von φ_3 verschiebt den Erregerstrom, wie aus Fig. 44 zu entnehmen ist, in seiner Phase zum Arbeitsstrom derart, daß der Summenstrom $(\dot{J}_1 + \dot{J}_{3N})$, also der Nutzstrom, induktiver wird.

Schwieriger ist die geringe Beeinflüssung der Stabilität und Überlastbarkeit des Motors durch K_{I3} zu erklären, und gerade deshalb haben wir ja auch mit Hilfe der entwickelten analytischen Beziehungen den Vergleich der 3 verschieden stark kompensierten Motoren zahlenmäßig durchgeführt. Immerhin erscheinen die Ergebnisse des Zahlenbeispiels auch in dieser Hinsicht verständlich, wenn wir bedenken, daß der vorher besprochene phasenkompensierende Einfluß einer Ankerüberkompensation in seiner Wirkung auf die Überlastbarkeit des Motors durch die gleichzeitige ebenfalls durch die Wechselinduktion der Wicklung I und 3 bedingte Schwächung des Erregerfeldes zum größten Teil wieder aufgehoben wird.

Im allgemeinen wird man aus dem Vergleich schließen können, daß K_{I3} zweckmäßig nur mit Rücksicht auf die Kommutierung zu wählen ist, und daß bei den dabei in Betracht kommenden geringen Werten der Ankerüberkompensation mit großer Annäherung die für den Fall $K_{I3} = 0$ geltenden einfachen Formeln und Diagramme verwandt werden können.

9. **Schaltungsanordnungen des DKNM. mit getrennter Erreger- und Kompensationswicklung.** Die Zahlenbeispiele des letzten Abschnittes haben uns gezeigt, daß die Versuche der Praxis, dem Gleichstrom-Nebenschlußmotor einen gleichwertigen Drehstrommotor an die Seite zu stellen, in der behandelten Motor-Type eine glückliche Lösung gefunden haben; denn er besitzt dieselben Reguliermöglichkeiten wie ein Gleichstrom-Nebenschlußmotor: die Tourenänderung durch Regelung des Feldes oder der Arbeitsspannung.

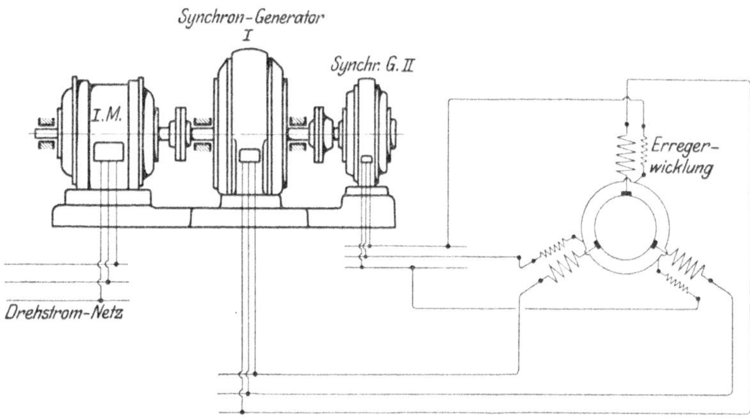

Fig. 27. Schaltung des DKNM. mit Anlaß- und Erregermaschine.

Bei unseren Ableitungen und in dem durchgerechneten Beispiel berücksichtigen wir scheinbar nur die erste Regelungsmethode; bedenkt man aber, daß bei gegebenen Motorkonstanten und gegebenen $\sphericalangle\ \delta$ lediglich das Übersetzungsverhältnis α das Admittanzendiagramm bestimmt, während der Absolutwert der Arbeitsspannung nur seinen Maßstab festlegt, so ergibt sich die Verwendbarkeit des Kreisdiagrammes auch für die 2. Regelmethode ganz von selbst. Hingegen sind wir noch an keiner Stelle darauf eingegangen, auf welche Weise die Regulierung der Erreger- oder Arbeitsspannung praktisch erreicht wird. Es liegt uns auch fern, eine erschöpfende Zusammenstellung aller ausgeführten Schaltungsanordnungen zu geben; wir wollen vielmehr alle jene Schaltungen, die zur Regelung der Arbeits- oder Erregerspannung Transformatoren mit einer mehr oder weniger großen Stufenzahl verwenden, unberücksichtigt lassen und nur auf eine besonders vollkommene Anordnung näher eingehen.

Diese benutzt im wesentlichen zur Regelung des DKNM. ein besonderes Erreger- und Anlaßaggregat, dessen Schaltung Fig. 27 schematisch darstellt.

An einem Drehstromnetz hängt ein Drehstrom-Induktionsmotor (IM.), der 2 Synchronmaschinen gleicher Polzahl antreibt. Die eine Synchronmaschine, die die Rolle der Anlaßdynamo beim analogen Leonard-Antrieb spielt, speist die Arbeitswicklung des DKM., während die 2. die erforderliche Erregerenergie liefert. Die dem KM. durch die Synchrongeneratoren zugeführten Spannungen (Δ_1 bzw. Δ_3) sind nun nicht nur ihrer Größe (Übersetzungsverhältnis α), sondern auch ihrer gegenseitigen Phase nach ($\sphericalangle\ \delta$) in weiten Grenzen regelbar.

Die Einstellung der Phasenverschiebung zwischen Arbeits- und Erregerspannung kann beispielsweise dadurch erreicht werden, daß man einen der beiden Statoren der Synchronmaschinen drehbar anordnet; meistens bereitet es jedoch weniger Schwierigkeiten, die Gleichfeldachsen durch passende Wicklungsanordnungen gegeneinander zu verschieben. Es genügt zu diesem Zwecke, einen der Synchrongeneratoren mit konstantem Luftraum und zweiphasiger Erregerwicklung auszuführen und die Erregerströme beider Wicklungsabschnitte unabhängig voneinander oder durch zweckmäßig miteinander gekuppelte Widerstände in bestimmter gegenseitiger Abhängigkeit zu regeln. Auf diese Weise hat man es in der Hand, für jede Tourenstufe automatisch den günstigsten Winkel δ und damit den günstigsten Leistungsfaktor einzustellen. Das gleiche Hilfsmittel ermöglicht es, bei Anlauf den Raumwinkel zwischen der Achse des Erregerfeldes und der Ankerrückwirkung des DKM. zu 90^0 zu machen, so daß der Motor bei gleichen Amperewindungen für Feld und Anker auch das gleiche Anzugsmoment entwickeln würde wie die kompensierte Gleichstrommaschine.

Die Periodenzahl der Synchrongeneratoren wird zur Erzielung einer guten Kommutierung und einer guten Ausnutzung des DKM. je nach der Leistung zweckmäßig zwischen 25 und 15 Perioden gewählt werden; dann ergeben sich für die Tourenzahl des Anlaßaggregates Werte, wie sie bei den Ilgner-Antrieben mit Rücksicht auf die erforderlichen Schwungmassen auch bisher schon gebräuchlich waren.

Das besprochene Drehstrom-Regulier-Aggregat kann in den Fällen, in denen es sich nicht um ganz große Einheiten handelt, als vollkommen gleichwertig mit der bekannten Gleichstrom-Leonard-Schaltung angesehen werden. Die Regulierfähigkeit ist dieselbe, und wenn auch hinsichtlich der Kommutierung die Verhältnisse beim DKM. etwas schwieriger liegen, so entfallen dafür auf der anderen Seite alle Kollektorkalamitäten bei den schnelllaufenden Anlaßmaschinen.

Bei Regulierbetrieben, bei denen eine Regelung der Tourenzahl durch Feldänderung zulässig ist, kann man die Anlaßmaschine natürlich entbehren und die Arbeitswicklung des KM. direkt an das vorhandene Drehstrom-Netz anschließen. Dagegen wird man den Erregergenerator immer da beibehalten, wo wie bei Papiermaschinen oder Buntdruckpressen eine besonders feinstufige Regulierbarkeit gefordert wird. Man gewinnt dadurch nämlich den Vorteil, daß man durch Betätigung des Regulierwiderstandes im Felde des Erregergenerators die Tourenzahl des KM. ohne viel Schaltapparate ebenso bequem regulieren kann wie den Lauf eines gewöhnlichen Gleichstrom-Nebenschlußmotors, und daß man alle für diesen bereits erprobten automatischen Regelmethoden (Schnellregler) ungeändert für den DKM. verwenden kann. Daß hierbei die Erregerdynamo durch einen gleichpoligen Synchronmotor angetrieben werden muß, ergibt sich aus der Notwendigkeit gleicher Periodenzahlen im Arbeits- und Erregerkreise.

Anhang

Additional information of this book

(Die Theorie des Drehstrom-Kollektor-Nebenschlußmotors mit getrennter Erreger- und Kompensationswicklung; 978-3-662-23936-0; 978-3-662-23936-0_OSFO1) is provided:

EXTRA MATERIALS extras.springer.com

http://Extras.Springer.com

Additional information of this book

(Die Theorie des Drehstrom-Kollektor-Nebenschlußmotors mit getrennter Erreger- und Kompensationswicklung; 978-3-662-23936-0; 978-3-662-23936-0_OSFO2) is provided:

EXTRA MATERIALS extras.springer.com

http://Extras.Springer.com

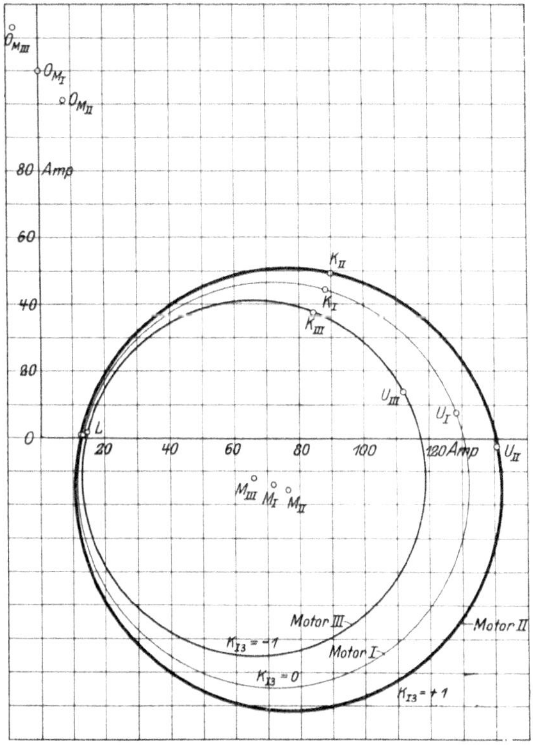

Fig. 43.

Arbeitsstromdiagramme der 3 Motoren bei $\frac{1}{a} = 1{,}0$ und $\delta = 0^0$.

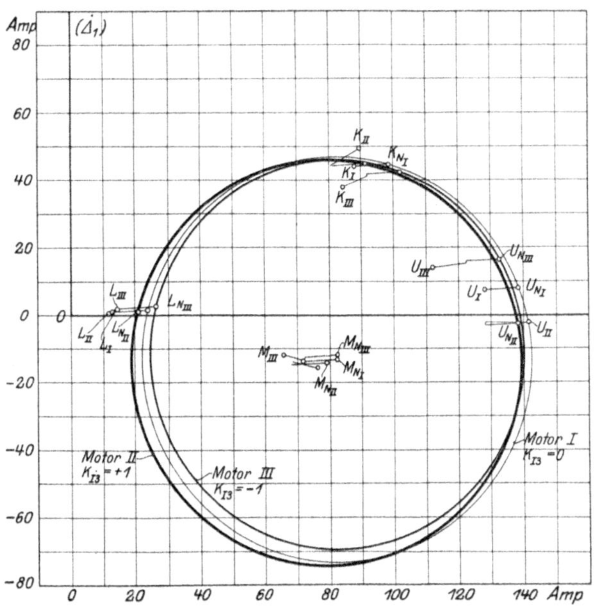

Fig. 44.

Netzstromdiagramme der 3 Motoren bei $\frac{1}{a} = 1{,}0$ und $\delta = 0^0$ (die charakteristischen Punkte der entsprechenden Arbeitsstromdiagramme sind in der Figur eingetragen.

GPSR Compliance

The European Union's (EU) General Product Safety Regulation (GPSR) is a set of rules that requires consumer products to be safe and our obligations to ensure this.

If you have any concerns about our products, you can contact us on ProductSafety@springernature.com

In case Publisher is established outside the EU, the EU authorized representative is:

Springer Nature Customer Service Center GmbH
Europaplatz 3
69115 Heidelberg, Germany

Batch number: 10682325

Printed by Printforce, the Netherlands